工程测量技术

主　编　徐　刚　李　晶　王　丽
副主编　车　媛　曹英浩　唐玉勃
　　　　孟祥竹　霍君华　周兴光

北京理工大学出版社
BEIJING INSTITUTE OF TECHNOLOGY PRESS

内 容 提 要

《工程测量技术》是工程技术方向的一门职业能力必修课，是专业核心能力模块的重要组成部分。本书以行业岗位任务要求为载体，紧密结合真实的工作环境及岗位的职业能力需求来构建教学内容。本书通过对典型工作任务驱动型的学习项目设计，使学生掌握工程测量的基本技能，达到本专业测量员职业资格鉴定的要求。培养学生生产实际应用的综合能力，在工程建设的勘测设计、施工过程和管理阶段进行各种测量工作。最终实现以"测量方法"为主线，紧密围绕完成工作任务的需要，培养学生的实践动手能力，使学生尽快地适应职业岗位的要求。

本书可作为工程类、道桥类、工程测量技术等专业的教材，也可作为相关专业各层次人员的自学或培训用教材或参考书。

版权专有　侵权必究

图书在版编目(CIP)数据

工程测量技术 / 徐刚，李晶，王丽主编. -- 北京：北京理工大学出版社，2024.1
　ISBN 978-7-5763-2750-2

Ⅰ.①工… Ⅱ.①徐…②李…③王… Ⅲ.①工程测量－高等学校－教材　Ⅳ.①TB22

中国国家版本馆CIP数据核字（2023）第155635号

责任编辑：阎少华		文案编辑：阎少华	
责任校对：周瑞红		责任印制：王美丽	

出版发行 / 北京理工大学出版社有限责任公司
社　　址 / 北京市丰台区四合庄路6号
邮　　编 / 100070
电　　话 /（010）68914026（教材售后服务热线）
　　　　　（010）68944437（课件资源服务热线）
网　　址 / http：//www.bitpress.com.cn
版 印 次 / 2024年1月第1版第1次印刷
印　　刷 / 河北鑫彩博图印刷有限公司
开　　本 / 787 mm×1092 mm　1/16
印　　张 / 11
字　　数 / 300千字
定　　价 / 62.00元

图书出现印装质量问题，请拨打售后服务热线，负责调换

前 言

教育是国之大计、党之大计。党的二十大报告中指出,要实施科教兴国战略,强化现代化建设人才支撑,办好人民满意的教育、完善科技创新体系、加快实施创新驱动发展战略、深入实施人才强国战略。党的二十大报告还提出,我们要坚持教育优先发展、科技自立自强、人才引领驱动,加快建设教育强国、科技强国、人才强国,坚持为党育人、为国育才,全面提高人才自主培养质量,着力造就拔尖创新人才,聚天下英才而用之。关于教育地位和作用的重要性,习近平总书记也明确进行过阐释:教育是提高人民综合素质、促进人的全面发展的重要途径,是民族振兴、社会进步的重要基石。建设教育强国是中华民族伟大复兴的基础工程。

中国特色社会主义进入新时代,以习近平同志为核心的党中央更加高度重视职业教育、高等教育、继续教育事业的改革发展,站在统筹推进"五位一体"总体布局、协调推进"四个全面"战略布局的高度作出全局谋划,在继续着力巩固全面普及义务教育成果、即将全面普及高中阶段教育的基础上,从构建全民终身学习的学习型社会的长远战略出发,要求职业教育、高等教育、继续教育朝着优化结构、科学布局、相互融合、协同创新、持续发展的方向前行。

党的二十大报告指出:"统筹职业教育、高等教育、继续教育协同创新,推进职普融通、产教融合、科教融汇,优化职业教育类型定位。"这是以习近平同志为核心的党中央全面部署"实施科教兴国战略,强化现代化建设人才支撑"的重点举措,对开拓职业教育、高等教育、继续教育可持续发展新局面,书写教育多方位服务社会主义现代化建设新篇章,具有非常重要的导向意义。

在职业教育领域,要求加快构建现代职业教育体系,优化职业教育类型定位,坚持职普融通、产教融合、校企合作,坚持工学结合、知行合一,加大人力资本投入,引导社会各界、行业企业积极支持职业教育,健全终身职业技能培训制度,大规模开展职业技能培训,探索中国特色学徒制,培养更多高素质劳动者、高技能人才、能工巧匠、大国工匠,增强职业教育适应性。

工程建设是国民经济的支柱产业,而工程的施工建设离不开工程测量工作。工程测量成为贯穿工程建设全过程的一项重要技术性工作,因此工程测量技能是工程技术人员必备的岗位技能。培养适应社会需要、面向生产和管理第一线的理论功底扎实、实践动手能力强、具有较强创新意识、适应岗位工作需要的高技能工程测量人才，是高等职业教育义不容辞的责任。

随着科学技术的快速发展，测量仪器发生了巨大的变革，工程测量技术有了突飞猛进的发展。现代化的激光电子测量仪器和卫星导航测量仪器将逐渐替代传统的光学测量仪器，测量仪器向智能化发展，工程测量工作将是一种高新技术下的测量工作。测量工作的精度越来越高，原来复杂的工程测量工作将变得简单化，测量工作的劳动强度越来越小。传统工程测量教材的知识更新迫在眉睫。

我国高等职业教育发展迅猛，工程测量课程的教学经验越来越丰富，项目式教学方法和理论实践一体化教学方法是工程测量课程教学最佳的教学方法之一。但适应这些教学方法的工程测量教材紧缺。

基于以上原因，编者对工程测量的知识进行重新梳理，结合多年教学和实践经验，本着"满足大纲，精选内容，推陈出新"的原则，在参阅大量中外文献并广泛征求同行意见的基础上精心编写而成，在力求内容精练的基础上，突出基本技能的训练及实用性。本书注重工程测量新技术的应用，以项目方式编排。每章开篇均给出了学习要点、核心概念和技能目标，并在各章后有针对性地安排了课后实践项目与课后习题，以利于培养和提高学生的工程测量职业技能。

全书共十个项目，系统地介绍了测量学的基础理论和方法及土木工程测量技术的要求和应用。主要内容包括：测量的基本知识，水准测量，角度测量，小区域控制测量，全站仪与GNSS技术，地形图测绘与应用，道路中线测量，道路纵断面、横断面测量，测量误差。同时本书还对测量的新仪器、新技术、新方法作了介绍，使读者在掌握基本测量理论的基础上，能利用最新的仪器设备和理论知识来解决工程实践问题。

本书由徐刚、李晶、王丽担任主编，车媛、曹英浩、唐玉勃、孟祥竹、霍君华、周兴光担任副主编，共同主持编写各项目。其中周兴光就职于山东高速工程建设集团有限公司，为企业编写人员。

本书可作为高等职业教育的工程类、道桥类、工程测量技术等专业的课程教材，也可作为相关专业各层次人员的自学或培训用教材或参考书。

在本书编写和出版的过程中，得到了参编人员的大力支持，参考了同行的多部著作和论文，在此表示衷心感谢。由于编者水平所限，时间仓促，书中疏漏之处在所难免，敬请专家和读者不吝赐教。

编　者

目 录

项目一　绪论 ………………………………… 1
　　任务　工程测量的发展和主要任务 ……… 1

项目二　测量的基本知识 …………………… 6
　　任务　了解工程测量 ……………………… 6

项目三　水准测量 …………………………… 16
　　任务一　水准测量原理及水准仪使用 …… 17
　　任务二　等外水准测量 …………………… 24
　　任务三　三、四等水准测量 ……………… 31
　　任务四　电子水准仪 ……………………… 37

项目四　角度测量 …………………………… 44
　　任务一　经纬仪的认识和使用 …………… 44
　　任务二　水平角测量 ……………………… 49
　　任务三　竖直角测量 ……………………… 54
　　任务四　三角高程测量 …………………… 58

项目五　小区域控制测量 …………………… 61
　　任务一　导线测量的外业工作 …………… 61
　　任务二　导线测量的内业工作 …………… 66

项目六　全站仪与 GNSS 技术 ……………… 73
　　任务一　全站仪及其使用 ………………… 73
　　任务二　GNSS 及其使用 ………………… 85

项目七　地形图测绘与应用 ………………… 93
　　任务一　地形图的比例尺及其图示 ……… 93
　　任务二　测图前的准备 …………………… 102
　　任务三　碎部测量和地形图的成图 ……… 106
　　任务四　地形图的应用 …………………… 113

项目八　道路中线测量 ……………………… 122
　　任务一　交点测设 ………………………… 122
　　任务二　转角和里程桩的测设 …………… 127

任务三　圆曲线的测设 …………………… 131

　　任务四　缓和曲线的测设 …………………… 138

　　任务五　道路中线逐桩坐标计算 ………… 146

项目九　路线纵断面、横断面测量 ……… 150

　　任务一　道路纵断面测量 …………………… 150

　　任务二　道路横断面测量 …………………… 156

项目十　测量误差 …………………………… 161

　　任务　测量误差认识与分析 ……………… 161

参考文献 ……………………………………… 170

项目一

绪 论

任务描述

测量学是研究获取反映地球形状，地球重力场，地球上自然和社会要素的位置、形状、空间关系，区域空间结构的数据的科学和技术。工程测量是测量学的一个重要分支，是工程精确施工的重要手段。本项目要求学生掌握测量学的相关概念，同时对工程测量有初步的认识。

学习目标

通过本项目的学习，学生应该能够：
1. 掌握测量学、测定、测设的概念。
2. 了解学习工程测量的意义及作用。
3. 对工程测量有初步的认识，为后续课程的学习打好基础，做好铺垫。

任务 工程测量的发展和主要任务

任务部署

认识工程测量的特点，了解测量工作的主要任务和内容。

任务目标

1. 了解工程测量的意义及作用。
2. 掌握测量学、测定、测设的概念。
3. 掌握测量的基本原则和工作内容。

任务分组

班级		组号		指导教师	
组长		学号			
组员	姓名		学号	姓名	学号
任务分工					

获取资讯

引导问题 1　什么是测定和测设？

引导问题 2　测量技术分为哪几类？

引导问题 3　工程测量的特点是什么？

引导问题 4　工程测量的任务主要有哪些？

引导问题 5　日常生活中需要用到测量的地方都有哪些？

任务计划与决策

每个学生提出自己的计划和方案，经小组讨论比较，得出统一测量方案，教师审查每个小组的测量方案、工作计划并提出整改建议；各小组进一步优化方案，确定最终的测量工作方案。

任务实施

1. 准备PPT、测量视频及地球仪等。
2. 认识测量的分类和各自的特点。
3. 认识测量的基本原则和工作内容。

评价反馈

完成任务后，学生自评，并完成表1-1。

表1-1 学生自评表

班级：　　　　姓名：　　　　学号：

任务	工程测量的发展和主要任务			
评价内容	评价标准	分值	得分	
测量分类识别	正确表达测量分类	20	
测定和测设的概念	能进行测定和测设的解释	50	
测量的基本原则和工作内容	能正确表述测量的工作内容和方法、基本原则	30	

项目相关知识点

一、测量学简介

测量学是研究获取反映地球形状，地球重力场，地球上自然和社会要素的位置、形状、空间关系，区域空间结构的数据的科学和技术。其内容包括测定和测设。测定是将实地测量对象描绘成图或获得数据的过程，供科学研究和国民经济建设、规划、设计部门使用；测设是将图纸上设计好的各工程建筑物、构筑物标定到地面上去，作为施工的依据，又称为放样。将测量和图总称为测绘。根据研究的具体对象及任务的不同，传统上又将测量学分为以下几个主要分支学科。

(1)大地测量学。大地测量学是研究和确定地球形状、大小、重力场、整体与局部运动、地表面点的几何位置，以及它们的变化的理论和技术的学科。其基本任务是建立国家大地控制网，测定地球的形状、大小和重力场，为地形测绘和各种工程测量提供基础起算数据；为空间科学、军事科学及研究地壳变形、地震预报等提供重要资料。按照测量手段的不同，大地测量学又分为常规大地测量学、卫星大地测量学及物理大地测量学等。

(2)地形测量学。地形测量学是研究较小区域地球表面各类物体形状和大小的基本理论、技术与方法的测绘学科。主要内容包括：普通测绘仪器的构造、性能、检验校正和使用；图根控制网的建立；碎部测量；地形测量、误差分析和观测值数据处理；地形图的测绘与使用等。

(3)摄影测量学与遥感。摄影测量学与遥感是研究利用电磁波传感器获取目标物的影像数据，从中提取语义和非语义信息，并用图形、图像和数字形式表达的学科。其基本任务是通过对摄影像片或遥感图像进行处理、量测、解译，以测定物体的形状、大小和位置，进而制作成图。根据获得影像的方式及遥感距离的不同，本学科又分为地面摄影测量学、航空摄影测量学和航天遥感测量学等。

(4)工程测量学。工程测量学是研究工程建设中勘测设计、施工管理与运行各阶段所进行的各种测量工作的学科。工程测量按工程建设的对象分为矿山、建筑、水利、道桥、铁路、电力管道安装、地质勘探和国防工程等领域。工程测量的内容主要有工程控制网建立、地形测绘施工放样、设备安装和变形观测等方面。随着科学技术的发展，在工程测量中，电子计算机、电磁波测距、摄影测量和遥感技术等都得到了广泛的应用。

自中华人民共和国成立以来，随着国民经济建设和国防建设的发展，我国测绘事业进入了一个蓬勃发展的崭新阶段，短期内取得了不少成就。多年来，完成了全国范围的大地控制网，统一了全国的平面坐标和高程系统，在进行工矿、农业水利、城市、交通等各项经济建设中，测绘了各种大比例尺地形图，并进行了大量的工程测量工作。我国的测绘工作者克服了艰难险阻，精确地测定了珠穆朗玛峰的高程为 8 848.86 m(2020 年 12 月 8 日，中国和尼泊尔两国共同宣布)；1980 年国家大地坐标系的建成和我国天文大地网的整体平差举世瞩目；在对青藏高原、南极科考及人造地球卫星的发射工作，测绘人员都作出了卓越的贡献。我国的测绘仪器制造业近年来生产的大地测量、航空摄影测量仪器等，已达到国外同类型仪器的先进水平。20 世纪 60 年代以来，近代光学、电子技术、电子计算机技术、人造卫星和航天技术的迅猛发展，为测量科学技术开辟了广阔的道路。

测量学在轨道、道路、桥梁、隧道等工程的设计、施工和运营阶段，是至关重要的一环。为此，作为从事与测量相关的技术人员，应认真学好本门课程，为将来走向工作岗位打下良好基础。

课程思政

中国古代的测量工具

中国有句耳熟能详的谚语，叫作"不以规矩，不成方圆"，这一代代相传的古训中的"规"和"矩"是什么形状、有何用途？在古代的图像和文献中，早有描绘和论述。

山东武梁祠东汉画像砖和新疆吐鲁番市阿斯塔那唐代古墓群的绢绘图中，刻画有伏羲女娲形象，左为女娲执规，右为伏羲握矩。在古代传说中，伏羲乃天地之父，女娲为天地之母，女娲执规，炼石补天，断龟足立四极，创天地；伏羲握矩，画八卦，通神明之德，解万物之情。以规画圆，以矩画方——相同的规矩，才能描绘一样的方圆。

据《史记》记载，早在公元前 2000 多年，相传夏禹在陕西龙门、华阴一带治水时，创造并使用了准、绳、规、矩四种测量工具。"左准绳，右规矩"，就是说，他左手拿着准和绳，右手握着规和矩。"准"和"绳"是测定物体平、直的器具，"规"是校正圆的工具，而"矩"则是画方形的曲尺。《山海经》中也说大禹曾派他的两名助手大章和竖亥去步量世界的大小，"竖亥右手把算，左手指青丘北"。

《周髀》首章记述："平矩以正绳，偃矩以望高，复矩以测深，卧矩以知远"，说明"矩"在古代是测量高、深、平、远的工具。"矩"的发明具有重大意义，因为"矩"可以构成直角，而只有构成直角，才可以从事测量。

西晋时期，中国发明了记里鼓车(图 1-1)。记里鼓车是中国古代用于计算道路里程的车，由"记道车"发展而来。有关记道车的文字记载最早见于汉代刘歆的《西京杂记》："汉朝舆驾祠甘泉汾阳……记道车，驾四，中道。"可见至迟在西汉时期，即已有了这种可以计算道路里程的车。到后来，因为加了行一里路打一下鼓的装置，故名"记里鼓车"。

项目一 绪论

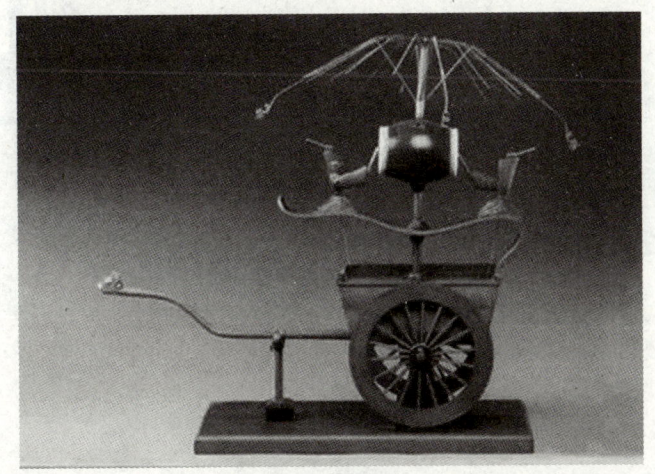

图 1-1 记里鼓车

测量学的定义和特点

项目二 测量的基本知识

任务描述

本项目要求通过学习掌握地面点的定位原理和坐标系、坐标计算原理和方法及测量工作的原则和内容。

学习目标

通过本项目的学习,学生应该能够:
1. 掌握平面坐标定位原理。
2. 掌握高程定位原理。
3. 掌握测量工作的原则和程序。

任务 了解工程测量

任务部署

认识学习测量的基本知识;了解测量工作的内容。

任务目标

1. 了解高程系统,掌握空间点位的定位方法。
2. 掌握坐标计算原理。
3. 掌握测量的基本原则和工作内容。

任务分组

班级		组号		指导教师	
组长		学号			
组员	姓名	学号	姓名	学号	

任务分工

获取资讯

引导问题1　地理坐标分为哪两种？分别怎样表示点位？
引导问题2　什么是绝对高程和相对高程？
引导问题3　测量学的平面直角坐标系与数学上的平面直角坐标系有什么区别？
引导问题4　什么是坐标正算？什么是坐标反算？
引导问题5　测量的三项基本工作是什么？
引导问题6　测量工作的基本原则是什么？

任务计划与决策

每个学生提出自己的计划和方案，经小组讨论比较，得出统一测量方案，教师审查每个小组的测量方案、工作计划并提出整改建议；各小组进一步优化方案，确定最终的测量工作方案。

任务实施

1. 准备计算器、计算用纸及地球仪等。
2. 认识坐标系统和高程系统。
3. 测量的基本原则和工作内容。
4. 掌握空间点位的定位方法。

评价反馈

完成任务后，学生自评，并完成表2-1。

表 2-1　学生自评表

班级：　　　姓名：　　　学号：

任务	测量的基本知识		
评价内容	评价标准	分值	得分
坐标系统和高程系统	正确表达空间点位的定位方法	20	
坐标计算原理	能进行坐标正算与反算	50	
测量的基本原则和工作内容	能正确表述测量的工作内容和方法、基本原则	30	

项目相关知识点

一、地理坐标和高程

1. 地理坐标

地面点在球面上的位置用经纬度表示的，称为地理坐标。按照基准面和基准线及求算坐标方法的不同，地理坐标又可分为天文地理坐标和大地地理坐标两种。如图 2-1 所示为天文地理坐标，它表示地面点 A 在大地水准面上的位置，用天文经度 λ 和天文纬度 φ 表示。天文经度和天文纬度是用天文测量的方法直接测定的。

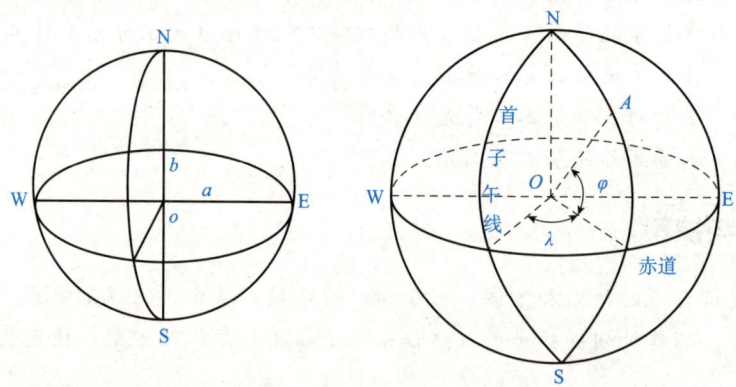

图 2-1　天文地理坐标

大地地理坐标是表示地面点在地球椭球面上的位置,用大地经度 L 和大地纬度 B 表示。大地经度和大地纬度是根据大地测量所得数据推算得到。经度是从首子午线面向东或向西自 $0°$ 起算至 $180°$,向东者为东经,向西者为西经;纬度是从赤道面向北或向南自 $0°$ 起算至 $90°$,分别称为北纬和南纬。

2. 高程

我国曾以青岛验潮站多年观测资料求得黄海平均海水面作为我国的大地水准面(高程基准面),由此建立了"1956 年黄海高程系",并在青岛市观象山上建立了国家水准基点,其基点高程为 72.289 m。以后随着几十年来验潮站观测资料的积累与计算,更加精确地确定了黄海平均海水面,于是在 1987 年启用"1985 国家高程基准",此时测定的国家水准基点高程为 72.260 m。根据国家测绘总局发布的文件通告,此后全国都应以"1985 国家高程基准"作为统一的国家高程系统。

地面点到大地水准面的铅垂距离,称为该点的绝对高程(或称海拔),通常以 H_i 表示。如图 2-2 所示,H_A 和 H_B 即为 A 点和 B 点的绝对高程。

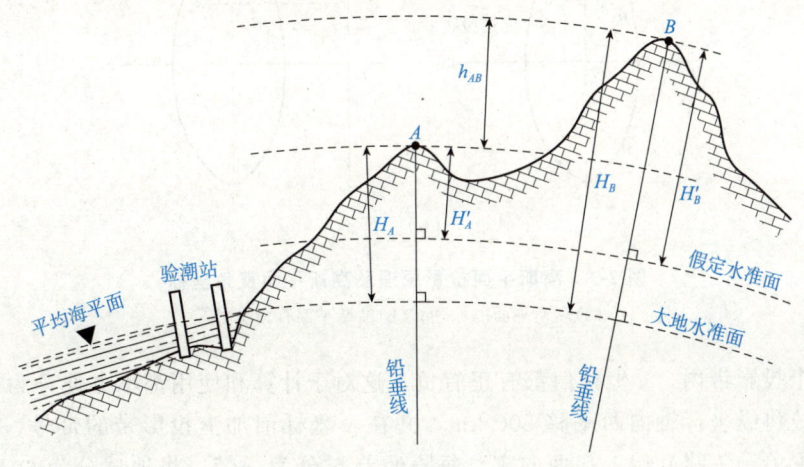

图 2-2 高程和高差

当在局部地区进行高程测量时,也可以假定一个水准面作为高程起算面。地面点到假水准面的铅垂距离称为假定高程或相对高程。在图中 A、B 两点的相对高程为 H'_A、H'_B。地面上两点高程之差称为这两点的高差,在图中 A、B 两点间的高差为

$$h_{AB} = H_B - H_A = H'_B - H'_A$$

由此可见,两点间的高差与高程起算面无关。

二、坐标系和坐标计算原理

1. 高斯平面直角坐标系

设想一个平面卷成横圆柱套在地球外,如图 2-3(a)所示。通过高斯投影,将中央子午线的投影作为纵坐标轴,用 x 表示;将赤道的投影作为横坐标轴,用 y 表示;两轴的交点作为坐标原点,由此构成的平面直角坐标系称为高斯平面直角坐标系,如图 2-3(b)所

示。每一个投影带都有一个独立的高斯平面直角坐标系,区分各带坐标系则利用相应投影带的带号。

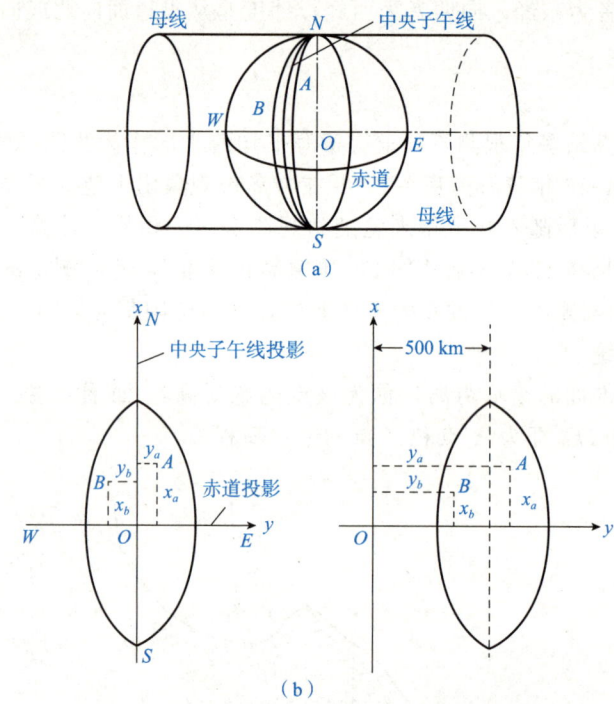

图 2-3 高斯平面投影原理及高斯平面直角坐标
(a)高斯平面的原理;(b)高斯平面直角坐标

在每一个投影带内,y 坐标值都有正有负,这对于计算和使用都不方便,为了使 y 坐标都为正值,故将纵坐标轴向西平移 500 km,并在 y 坐标前加上投影带的带号。6°带投影是从英国格林尼治子午线开始,自西向东,每隔经差 6°分为一带,将地球分为 60 个带,其编号分别为 1,2,3,…,60。任意带的中央子午线经度为 L_0,它与投影带号 N 的关系如下所示:

$$L_0 = (6N - 3°)$$

式中 N——6°带的带号。

离中央子午线越远,长度变形越大,在要求较小的投影变形时,可采用3°投影带。3°带是在 6°带的基础上划分的,如图 2-4 所示。每3°为一带,从东经1°30′开始,共120带,其中央子午线在奇数带时与6°带的中央子午线重合,每带的中央子午线可用下面的公式计算:

$$L_0 = 3N'$$

式中 N'——3°带的带号。

为了避免 y 坐标出现负值,3°带的坐标原点同 6°带一样,向西移动 500 km,并在 y 坐标前加3°带的带号。

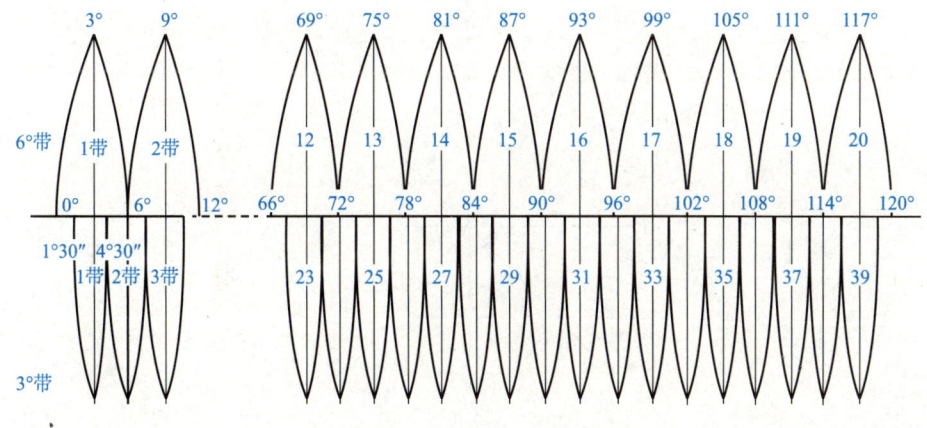

图 2-4　6°带和 3°带投影

2. 平面直角坐标系

在实际测量工作中，若用以角度为度量单位的球面坐标来表示地面点的位置是不方便的，通常是采用平面直角坐标。测量工作中所用的平面直角坐标与数学上的直角坐标基本相同，只是测量工作以 x 轴为纵轴，一般表示南北方向，以 y 轴为横轴一般表示东西方向，象限为顺时针编号，直线的方向都是从纵轴北端按顺时针方向度量的，如图 2-5 所示。

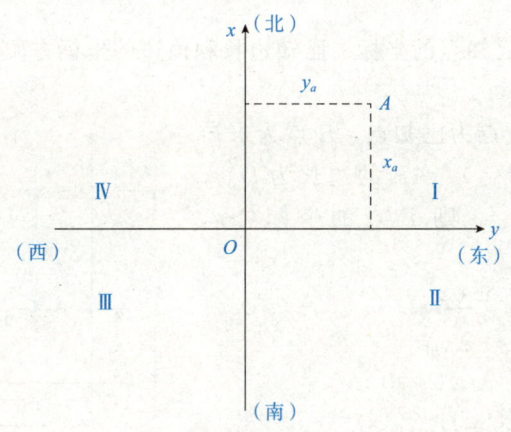

图 2-5　平面直角坐标

3. 坐标计算原理

(1)方位角。从基本方向的北端起，顺时针方向计算到某直线的夹角称为该直线的方位角，角值为 0°～360°。

(2)象限角。从基本方向的北端或南端起，顺时针或逆时针计算到某直线的夹角称为象限角，角值为 0°～90°，如图 2-6 所示。方位角与象限角的换算关系见表 2-2。

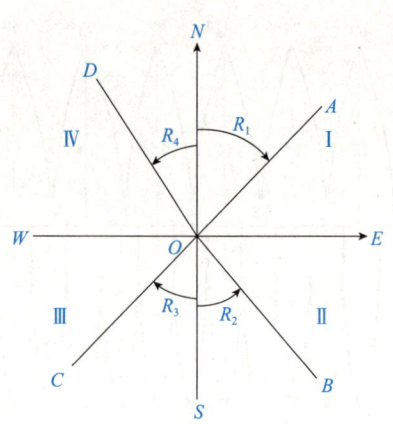

图 2-6 象限角

表 2-2 方位角与象限角的换算关系

直线方向	由方位角推算象限角	由象限角推算方位角
第一象限 I	$R_1 = \alpha_1$	$\alpha_1 = R_1$
第二象限 II	$R_2 = 180° - \alpha_2$	$\alpha_2 = 180° - R_2$
第三象限 III	$R_3 = \alpha_3 - 180°$	$\alpha_3 = 180° + R_3$
第四象限 IV	$R_4 = 360° - \alpha_4$	$\alpha_4 = 360° - R_4$

(3)坐标正算。根据已知点的坐标、已知边长和该边的坐标方位角计算出未知点的坐标，称为坐标正算。

如图 2-7 所示，设 A 点为已知点，B 点为未知点，A 点的坐标为 (x_A, y_A)，AB 的边长为 D_{AB}，AB 的坐标方位角为 α_{AB}，则 B 点的坐标 (x_B, y_B) 为

$$x_B = x_A + \Delta x_{AB}$$
$$y_B = y_A + \Delta y_{AB}$$

式中

$$\Delta x_{AB} = x_B - x_A = D_{AB} \cos\alpha_{AB}$$
$$\Delta y_{AB} = y_B - y_A = D_{AB} \sin\alpha_{AB}$$

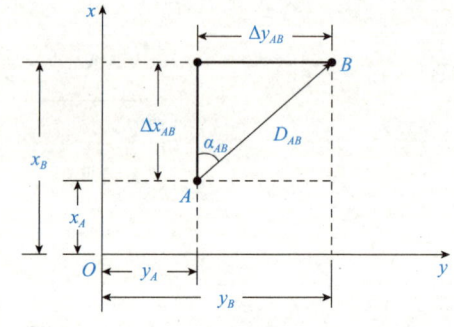

图 2-7 坐标正算示意图

上式中的 Δx、Δy 均为坐标的增量。

坐标方位角和坐标的增量均带有方向性，当方位角位于第一象限时，坐标的增量均为正值。当坐标方位角位于第二象限时，Δx_{AB} 为负值，Δy_{AB} 为正值。当坐标方位角在第三象限时，Δx_{AB} 为负值，Δy_{AB} 为负值。当坐标方位角在第四象限时，Δx_{AB} 为正值，Δy_{AB} 为负值。

(4)坐标反算。根据两个已知点坐标，求该两点间的距离和坐标方位角，称为坐标反算。

如图 2-7 所示，设 A、B 两点为已知点，其坐标分别为 (x_A, y_A) (x_B, y_B)。则：

$$\tan\alpha_{AB} = \frac{\Delta y_{AB}}{\Delta x_{AB}}$$

$$\alpha_{AB} = \arctan\frac{\Delta y_{AB}}{\Delta x_{AB}}$$

$$D_{AB} = \sqrt{\Delta x_{AB}^2 + \Delta y_{AB}^2}$$

坐标方位角的值，可根据 x 和 y 坐标改变量 Δx_{AB}、Δy_{AB} 的正负号确定导线边所在象限，将反正切角值，即象限角，换算为坐标方位角。

①当 $\Delta x_{AB} > 0$，$\Delta y_{AB} > 0$ 时，导线边 AB 在第一象限，$\alpha_{AB} = \arctan\dfrac{\Delta y_{AB}}{\Delta x_{AB}}$；

②当 $\Delta x_{AB} < 0$，$\Delta y_{AB} > 0$ 时，导线边 AB 在第二象限，$\alpha_{AB} = 180° - \arctan\dfrac{\Delta y_{AB}}{\Delta x_{AB}}$；

③当 $\Delta x_{AB} < 0$，$\Delta y_{AB} < 0$ 时，导线边 AB 在第三象限，$\alpha_{AB} = \arctan\dfrac{\Delta y_{AB}}{\Delta x_{AB}} + 180°$；

④当 $\Delta x_{AB} > 0$，$\Delta y_{AB} < 0$ 时，导线边 AB 在第四象限，$\alpha_{AB} = 360° - \arctan\dfrac{\Delta y_{AB}}{\Delta x_{AB}}$。

三、测量工作概述

测量工作的目的是确定地面各点的平面位置和高程。

1. 测量工作的内容

测量工作的服务领域虽然十分广泛，但测绘工作的主要任务是确定地面点与点之间的平面和高程位置的关系。测绘工作也可分成测定和测设两大部分。

地形图测绘是指将地面所有地物和地貌，使用测量仪器，按一定的程序和方法，根据地形图图式所规定的符号，并依一定的比例尺测绘在图纸上的全部工作。

施工放样则是根据图上设计好的厂房、道路、桥梁、井筒、巷道等的位置、尺寸及高度等，算出各特征点与控制点之间的距离、角度、高差等数据，将其如实地标定到实地，并在施工中和竣工后提供有关测绘保障以确保安全生产。

确定地面点的位置，离不开距离、角度和高差这三个基本观测量。因此，测量的三项基本工作是距离测量、角度测量、高差测量。测量工作者的基本技能是观测、计算和绘图。

2. 测量工作应遵循的原则

当进行测量工作时，无论用何种方法，使用何种测量仪器，测量成果都会有误差。为了防止测量误差的积累，提高测量精度，测量工作必须遵循一定的原则和方法。

在实际测量工作中应遵循的原则是：在测量布局上要"从整体到局部"；在测量精度上要"由高级到低级"；在测量程序上要"先控制后碎部"。只有遵循这些原则，才能控制测量误差的累积，保证成果的精度。在测量过程中"随时检查，杜绝错误"。测绘工作的每项成果必须检核保证无误后才能进行下一步工作，中间环节只要有一步出错，以后的工作就徒劳无益。保证测绘成果符合技术规范的要求。

3. 测量工作概述

(1) 控制测量。测量工作的原则是"从整体到局部，由高级到低级，先控制后碎部"。也就是说要先在测区内选择一些有控制意义的点，用精确的方法测定它们的平面位置和高程，然后再根据它们测定其他地面点的位置。在测量工作中，将这些有控制意义的点称为控制点，由控制点所构成的几何图形称为控制网，而将精确测定控制点点位的工作称为控制测量。

控制测量包括平面控制测量和高程控制测量。平面控制测量常采用三角测量、三边测量、导线测量、GPS 测量等方法建立；高程控制测量常采用水准测量方法建立。控制测量如图 2-8 所示。

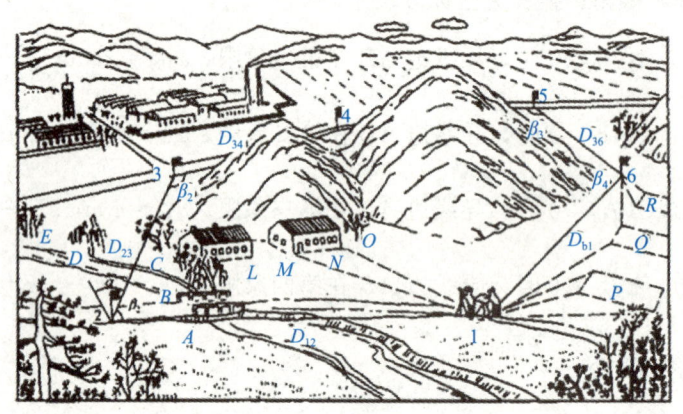

图 2-8　控制测量与碎部测量

（2）碎部测量。在控制测量的基础上就可以进行碎部测量。无论是地物还是地貌，它们的形状和大小都是由一系列特征点的位置所决定的。一般将表示地物形态变化的点称为地物特征点，也叫碎部点。碎部测量就是以控制点为依据，测定控制点至碎部点之间的水平距离、高差及其相对于某一已知方向的角度，从此来确定碎部点的位置，运用碎部测量的方法，在测区内测定一定数量的碎部点位置后，按一定的比例尺将这些碎部点位标绘在图纸上，对照实地用等高线、地物、地貌符号和高程注记、地理注记等绘制成地形图（图 2-8）。

测图工作主要就是测定这些碎部点的平面位置和高程。测量工作中将测定碎部点的工作，称为碎部测量。

课程思政

北斗卫星导航系统

北斗卫星导航系统（以下简称北斗系统）是中国着眼于国家安全和经济社会发展需要，自主建设运行的全球卫星导航系统，是为全球用户提供全天候、全天时、高精度的定位、导航和授时服务的国家重要时空基础设施（图 2-9）。北斗系统提供服务以来，已在交通运输、农林渔业、水文监测、气象测报、通信授时、电力调度、救灾减灾、公共安全等领域得到广泛应用，服务国家重要基础设施，产生了显著的经济效益和社会效益。

中国坚持"自主、开放、兼容、渐进"的原则建设和发展北斗系统；坚持自主建设、发展和运行北斗系统，具备向全球用户独立提供卫星导航服务的能力；免费提供公开的卫星导航服务，鼓励开展全方位、多层次、高水平的国际合作与交流；提倡与其他卫星导航系统开展兼容与互操作，鼓励国际合作与交流，致力于为用户提供更好的服务；分步骤推进北斗系统建设发展，持续提升北斗系统服务性能，不断推动卫星导航产业全面、协调和可持续发展。

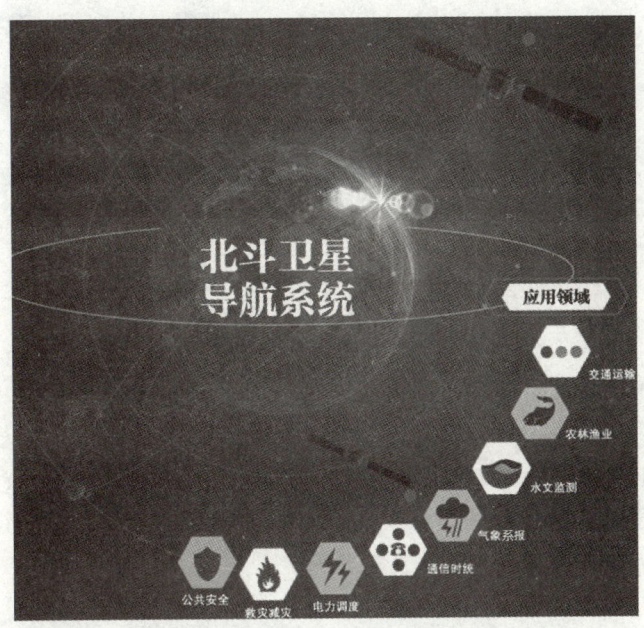

图 2-9　北斗卫星导航系统

北斗系统有三大特点：一是北斗系统空间段采用三种轨道卫星组成的混合星座，与其他卫星导航系统相比高轨卫星更多，抗遮挡能力强，尤其低纬度地区性能优势更为明显；二是北斗系统提供多个频点的导航信号，能够通过多频信号组合使用等方式提高服务精度；三是北斗系统创新融合了导航与通信能力，具备定位导航授时、星基增强、地基增强、精密单点定位、短报文通信和国际搜救等多种服务能力。"自主创新、开放融合、万众一心、追求卓越"的北斗精神，是对党的二十大精神的良好体现和坚定实践。

北斗系统秉承"中国的北斗、世界的北斗、一流的北斗"发展理念，愿与世界各国共享北斗系统建设发展成果，促进全球卫星导航事业蓬勃发展，为服务全球、造福人类贡献中国智慧和力量。北斗系统为经济社会发展提供重要时空信息保障，是中国实施改革开放40余年来取得的重要成就之一，是中华人民共和国成立70多年来重大科技成就之一，是中国贡献给世界的全球公共服务产品。

北斗系统的建设实践，走出了在区域快速形成服务能力、逐步扩展为全球服务的中国特色发展路径，丰富了世界卫星导航事业的发展模式。

地球形状和地理坐标

高斯投影相关知识

工程测量技术

项目三

水准测量

任务描述

在公路施工过程中，会经常遇到与高程有关的问题：如路基填筑施工时，填土填多高？路堑开挖施工时，挖土挖多深？桥梁施工时，每个桥墩顶面应有多高？这些问题都需要测量人员根据设计图纸资料，通过测量仪器在施工现场进行高程控制。如图3-1所示为路基填筑高程控制；图3-2所示为桥梁立柱施工高程控制。

图3-1 路基填筑高程控制

图3-2 桥梁立柱施工高程控制

如何进行高程控制呢？用什么仪器进行高程测量呢？就是本项目要讲的水准测量内容。本项目主要学习的内容是水准测量原理及水准仪使用、等外水准测量，三、四等水准测量及电子水准仪等。

学习目标

通过本项目的学习，学生应该能够：
1. 能够独立口述水准测量原理并能够用示意图进行表达。
2. 能够独立进行水准仪的操作。
3. 能够独立、准确、快速地读取水准仪数值。

任务一　水准测量原理及水准仪使用

任务部署

在实训场地任意找两个高程不一致的坚固点位，以一点的高程，求另一个点的高程。

任务目标

1. 熟悉水准测量原理。
2. 掌握水准仪的操作方法。
3. 掌握读数方法。

任务分组

班级		组号		指导教师	
组长		学号			
组员	姓名		学号	姓名	学号
任务分工					

获取资讯

引导问题 1　绘制出水准测量原理图并写出计算公式。

引导问题2 写出图3-3所示自动安平水准仪各部分构造名称。

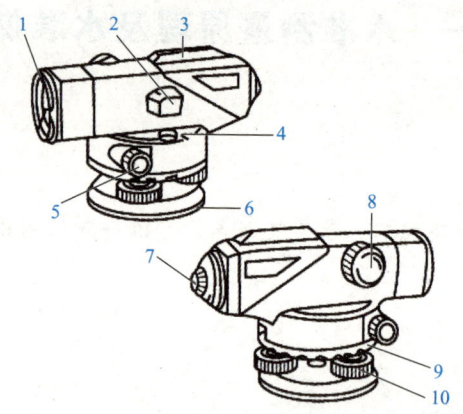

图3-3 自动安平水准仪

引导问题3 简述水准仪测量的步骤。

引导问题4 读取图3-4所示水准尺寸读数。

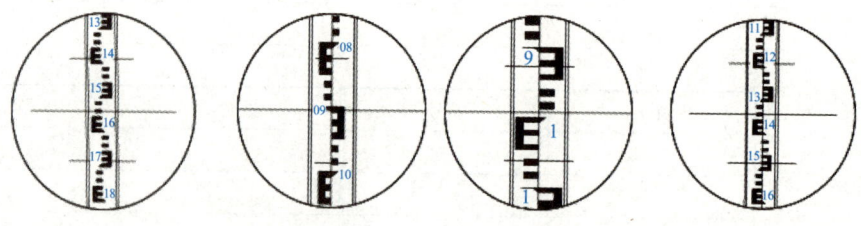

图3-4 水准尺读数

任务计划与决策

每个学生提出自己的计划和方案，经小组讨论比较，得出统一测量方案，教师审查每个小组的测量方案、工作计划并提出整改建议；各小组进一步优化方案，确定最终的测量工作方案。

任务实施

1. 工作准备

(1) 准备仪器。

(2) 布置场地，画出示意图。

2. 测量过程

(1) 安置仪器。写出架设仪器的注意事项，并拍一张安置好的仪器照片进行上传。

(2) 对中整平。简述对中整平方法并拍一张整平好的仪器照片进行上传，最后记录整平工作的最短用时(表3-1)。

表 3-1　对中整平记录

对中整平方法	最短用时

(3)瞄准和读数(表 3-2)。

表 3-2　水准尺读记录

A	B

(4)计算结果。已知点的高程为 100 m,求待测点的高程。

评价反馈

完成任务后,学生自评,并完成表 3-3。

表 3-3　学生自评表

班级:　　　姓名:　　　学号:

任务一	水准测量原理及水准仪使用			
评价内容	评价标准	分值		得分
水准测量原理	熟练程度	20		
水准仪的构造	准确说出水准仪各个构造的名称	20		
自动安平水准仪及 DS3 水准仪的使用	熟悉使用流程	60		

项目相关知识点

一、水准测量原理

1. 测量原理

水准测量的原理就是利用水准仪提供的一条水平视线,分别读出地面上两个点上所立水准尺上的读数,由此计算两点的高差,根据测得的高差再由已知点的高程推算未知点的高程,如图 3-5 所示。

图 3-5 中 A、B 代表地面上的两个点,在 A、B 两个点上竖立带有分划的标尺,这个标尺就是水准尺,在 A、B 两点之间安置可提供水平视线的仪器,这个仪器就是水准仪。当视线水平时,在 A、B 两个点的标尺上分别读得读数 a 和 b,则 A、B 两点的高度差等于两个标尺读数之差。即

$$h_{ab}=a-b \tag{3-1}$$

如果 A 为已知高程的点,B 为待求高程的点,则 B 点的高程为

$$H_b=H_a+h_{ab}（高差法） \tag{3-2}$$

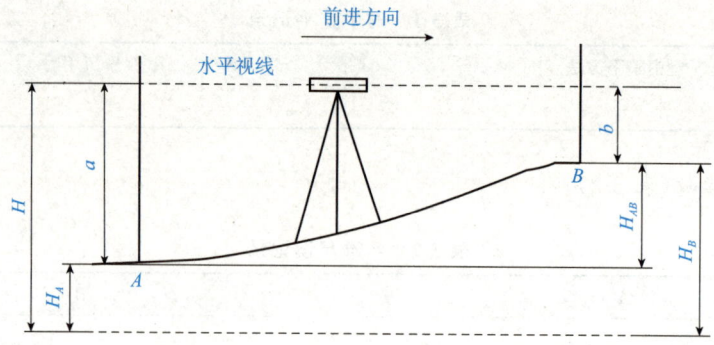

图 3-5　水准测量原理

读数 a 是在已知高程点上的水准尺读数，称为"后视读数"；b 是在待求高程点上的水准尺读数，称为"前视读数"。高差必须是后视读数减去前视读数。高差 h_{ab} 的值可能是正，也可能是负，正值表示待求点 B 高于已知点 A，负值表示待求点 B 低于已知点 A。此外，高差的正负号又与测量前进的方向有关，如图 3-5 中测量由 A 向 B 进行，高差用 h_{ab} 表示，其值为正；反之由 B 向 A 进行，则高差用 h_{ba} 表示，其值为负。所以说明高差时必须标明高差的正负号，同时要说明测量前进的方向。B 点高程还可以通过仪器的视线高程 H_i 来计算，即 $H_i = H_A + a$，$H_B = H_i - b$。

2. 连续水准测量

当 A、B 两点相距较远或者高差太大时，可分段进行连续水准测量，如图 3-6 所示。

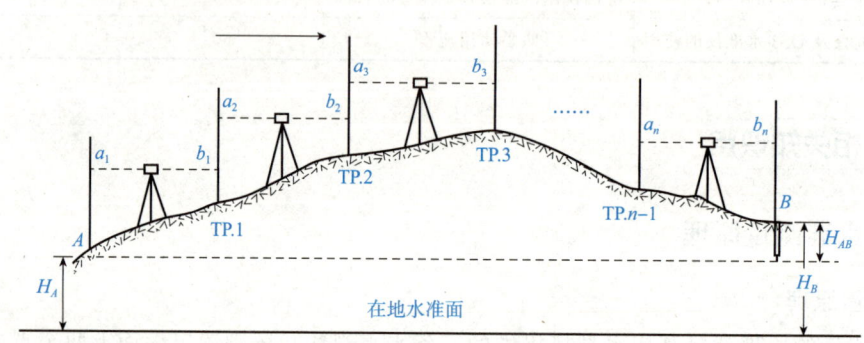

图 3-6　连续水准测量原理示意图

A、B 两点的高程差计算公式如下：

$$h_1 = a_1 - b_1 \tag{3-3}$$
$$h_2 = a_2 - b_2$$
$$\vdots$$
$$h_n = a_n - b_n \tag{3-4}$$

则：
$$h_{AB} = h_1 + h_2 + \cdots + h_n = \sum h = \sum a - \sum b$$

从式(3-4)可以看出：

(1) 每一站的高差等于此站的后视读数减去前视读数。

(2)起点到终点的高差等于各段高差的代数和,也等于后视读数之和减去前视读数之和。通常要同时用$\sum h=\sum a-\sum b$进行计算,用来检核计算是否有误。

(3)我们把观测中每安置一次仪器观测两点间的高差,称为测站。立标尺的点称为转点,即传递高程的过渡点。

转点的特点:传递高程,转点上产生的任何差错,都会影响以后所有点的高程;既有前视读数又有后视读数,它们在前一测站先作为待求高程的点,然后在下一测站再作为已知高程的点。

当然,水准测量的目的不仅仅是获得两点的高差,还要求得一系列点的高程,如测量沿线的地面起伏情况。

3. 水准仪的构造

我国的水准仪是按照它能够达到的每千米往返测量高差中数的偶然中误差这一精度的指标来划分的,一共分了 4 个等级,见表 3-4。水准仪的型号都是以 DS 开头的,分别为"大地"和"水准仪"汉语拼音的第一个字母,通常书写时省略字母 D。其后"0.5""1""3""10"等数字分别表示该水准仪的精度。DS3 级和 DS10 级的水准仪又被称为普通型水准仪,用于国家三、四级水准普通的水准测量;DS0.5 级和 DS1 级水准仪称为精密型水准仪,分别用于国家一、二级精密水准测量。

表 3-4 水准仪精度等级

水准仪型号	DS0.5	DS1	DS3	DS10
千米往返测量高差中数偶然中误差/mm	≤0.5	1	≤3	≤10
主要用途	国家一等水准测量及地震监测	国家二等水准测量及精密水准测量	国家三、四等水准测量及一般工程水准测量	一般工程水准测量

水准仪是进行水准测量的主要仪器,它可以提供水准测量所必需的水平视线。目前通用的水准仪从构造上可分为两大类:一类是利用水准管来获得水平视线的水准管水准仪,其主要形式为微倾式水准仪;另一类是利用补偿器来获得水平视线的自动安平水准仪。此外,还有一种新型水准仪——电子水准仪,它配合条纹编码尺,利用数字化图像处理的方法,可自动显示高程和距离,使水准测量实现了自动化。电子水准仪我们在任务四中单独介绍。

配合水准仪使用的测量工具还有水准尺和尺垫。

(1)水准尺。水准尺是水准测量中用于高差量度的标尺,水准尺制造用材有优质木材、合金材和玻璃钢等几种,有 2 m、3 m、5 m 等多种长度,分整尺、折尺、塔尺等多种类型,如图 3-7(a)所示。水准尺按精度高低可分为普通水准尺和精密水准尺。

1)普通水准尺。普通水准尺通常用木料、铝材和玻璃钢制成,尺长多为 3 m,两根为一副,且为双面(黑面、红面)刻划的直尺,每隔 1 cm 印有黑、白或红、白相间的分划。每分米处注有数字,对一副水准尺而言,黑面、红面注记的零点不同。黑面尺的尺底端从零开始注记读数,两尺的红面尺底端分别从常数 4 687 mm 和 4 787 mm 开始,称为尺常数 K。即

$K_1=4.687$ m，$K_2=4.787$ m。设尺常数的目的是检核测量结果。

2）精密水准尺。精密水准尺的框架用木料制成，分划部分用镍铁合金做成带状。尺长多为 3 m，两根为一副。在尺带上有左右两排线状分划，分别称为基本分划和辅助分划，格值为 1 cm。这种水准尺配合精密水准仪使用。

（2）尺垫。水准测量中有许多地方需要设置转点（中间点），为防止观测过程中尺子下沉而影响读数的准确性，应在转点处放尺垫，如图 3-7（b）所示。尺垫一般由平面为三角形的铸铁制成，下面有三个尖脚，便于踩入土中，使之稳定。上面有一突起的半球形小包，立水准尺于球顶，尺底部仅接触球顶最高的一点，当水准尺转动方向时，尺底的高程不会改变。

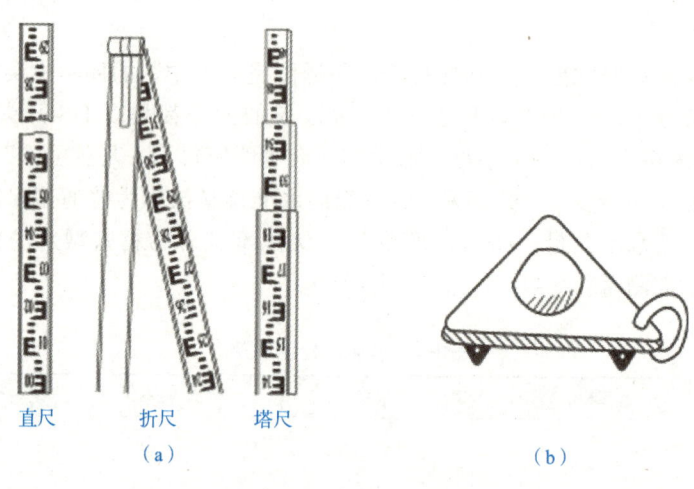

直尺　折尺　塔尺
（a）

（b）

图 3-7　水准尺和尺垫

（a）水准尺；（b）尺垫

本节主要介绍 DS3 级自动安平水准仪。

4. DS3 级自动安平水准仪构造

（1）自动安平水准仪的构造。DS3 级自动安平水准仪构造如图 3-8 所示。

自动安平水准仪由基座、照准部和水准器组成。

①基座。基座主要由轴座、三个脚螺旋和连接板组成。仪器上部通过竖轴插入轴座内，由基座承托整个仪器。在基座连接板的中央有一圆形螺旋孔，用连接螺旋使水准仪和三脚架相连接。

②照准部。照准部由望远镜、水准器和控制螺旋等组成，能绕水准仪的竖轴在水平面内做全圆转动。望远镜的作用是照准和提供一条水平线（视准轴），并在水准尺上读数。望远镜视准轴构造如图 3-9 所示。

③水准器。圆水准器由玻璃制成，呈圆柱状，里面装有酒精和乙醚的混合液，其上部的内表面为一个圆球面，中央刻有一个小圆圈，它的圆心是圆水准器的零点。当气泡居中时，圆水准器轴即处于铅垂位置。

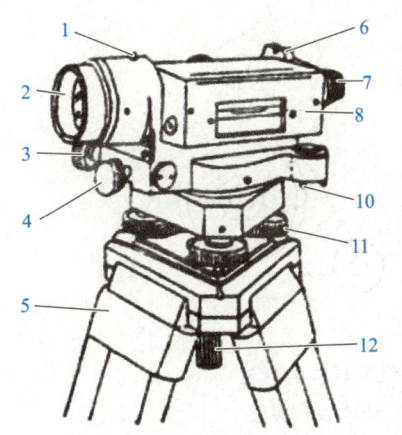
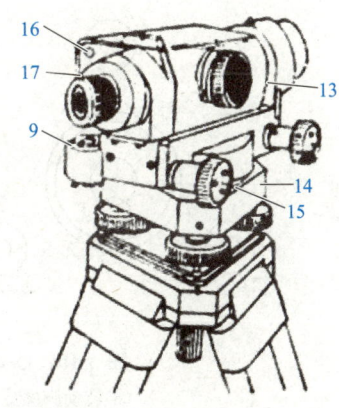

图 3-8 DS3 级自动安平水准仪

1—准星；2—物镜；3—微动螺旋；4—制动螺旋；5—三脚架；6—照门；7—目镜；
8—水准管；9—圆水准器；10—圆水准校正螺旋；11—脚螺旋；12—连接螺旋；13—物镜调焦螺旋；
14—基座；15—微倾螺旋；16—水准管气泡观察窗；17—目镜调焦螺旋

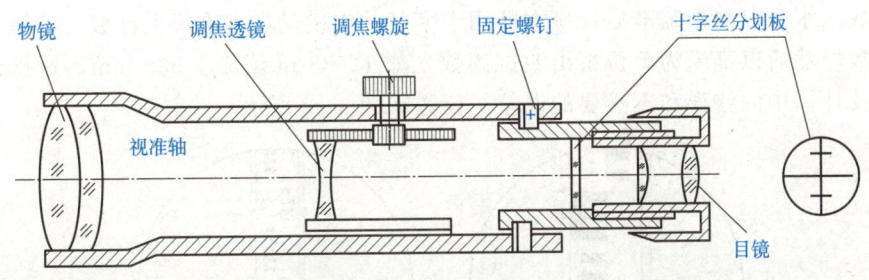

图 3-9 视准轴示意图

(2)DS3 级自动安平水准仪的使用。

在安置仪器之前，应选择合适的地点放好仪器的三脚架，其位置应位于两标尺中间。高度适中，架头大致水平，上架后的仪器要立即用中心螺钉固定于三脚架上，脚架要踩实。用水准仪进行水准测量的操作程序如下：安置—整平—瞄准—读数。

1)仪器安置。提拉脚架，用右手抓住三脚架的头部，立起来，然后用左手顺时针拧开三脚架三个脚腿的固定螺栓。同时上提脚架，脚腿自然下滑。之后逆时针拧紧螺旋，固定脚腿。注意螺栓的拧紧程度不要过大，手感吃力即可。提拉完脚架之后，用两手分别抓住两个架腿，向外侧掰拉，同时用脚推出另一个架腿，使脚架的落地点构成等边三角形并保证架头大致水平。要求脚架的空当与两个立尺点相对，这样防止骑某个脚腿读数的情况出现。

2)整平。将水准仪架在三脚架上之后，大致使其处于水平状态，如图 3-10(a)所示。虚圆圈表示气泡所处的位置，此时首先用双手按箭头所指的方向转动脚螺旋 1 和 2，使气泡移动到这两个脚螺旋方向的中间，再按图 3-10(b)中箭头所指的方向，用左手转动脚螺旋 3，使圆水准器气泡居中，称为粗平。值得注意的是，水准气泡移动的方向始终与左手拇指转动脚螺旋的方向一致。

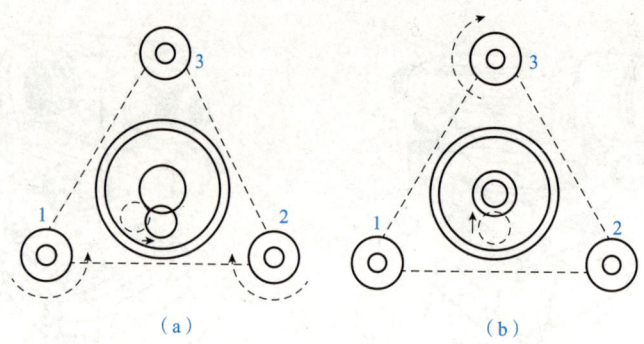

图 3-10 圆水准器气泡居中的方法

(a)转动脚螺旋 1 和 2；(b)转动脚螺旋 3

3）瞄准。松开制动螺旋，先用望远镜的外瞄准器（缺口和准星）瞄准水准尺，制动照准部，调整焦距，使水准尺成像清晰，调节目镜使十字丝清晰，消除视差，该过程称为粗略瞄准。在望远镜内找到水准尺像，再用微动螺旋使十字丝的竖丝与水准尺的一边棱重合，称为精确瞄准，如图 3-11 所示。

4）读数。水准仪精确瞄准后，应立即用十字丝的中横丝在水准尺上读数。读数时先看估读的毫米数，然后以毫米为单位报出四位读数，如 1.538 m 读成 1 538 mm，这样读数可防止读、记及计算中的错误和不必要的误差。读数如图 3-12 所示。

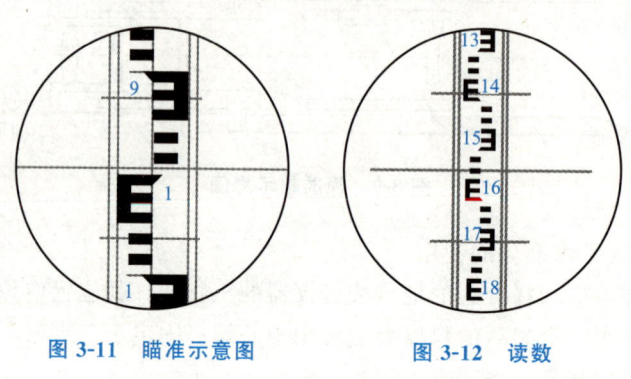

图 3-11 瞄准示意图　　　图 3-12 读数

任务二　等外水准测量

任务部署

在实训场地选定一条闭合水准路线 $ABCDA$，中间设待定点 B、C、D，其中 A 点为已知点，高程为 100 m，安排该闭合水准路线的测量并完成数据记录和计算。

任务目标

1. 掌握布设等外水准路线的方法。

2. 掌握独立完成等外水准测量的方法。
3. 掌握等外水准测量结果计算方法。

任务分组

班级		组号		指导教师	
组长		学号			
组员	姓名		学号	姓名	学号
任务分工					

获取资讯

引导问题1　水准点的作用是什么？

引导问题2　如何选取水准点的位置？

引导问题3　水准点的类型有哪些？

引导问题4　如何布设等外水准路线并绘出场地图？

引导问题5　简述等外水准测量步骤。

引导问题6　等外水准测量路线有几种形式？绘制出各种水准路线的示意图。

引导问题7　水准测量的数据有几种检核方法？

引导问题8　写出不同水准路线测量的平差公式。

任务计划与决策

每个学生提出自己的计划和方案，经小组讨论比较，得出统一测量方案，教师审查每个小组的测量方案、工作计划并提出整改建议；各小组进一步优化方案，确定最终的测量工作方案。

任务实施

1. 在教师的指导下布设好普通闭合水准路线，至少包括4个以上水准点。
2. 按测量方案和步骤完成高差的测量及相关数据的计算。
3. 测量工作完成后，还应按一定的检校方法对测量结果进行检查，确保测量结果的正确性及精度，养成检校的习惯。
4. 组与组之间要多交流、共同探讨，获取测量结果的处理及整理方法。完成本任务测量数据的处理及成果的整理。

完成水准测量记录表（表3-5）。

表3-5 水准测量记录表

点号	后视读数	前视读数	高差	高程	备注
A					已知A点高程
B					
C					
D					
A					求出A点高程

评价反馈

完成任务后，学生自评，并完成表3-6。

表3-6 学生自评表

班级：   姓名：   学号：

任务二	等外水准			
评价内容	评价标准	分值	得分	
等外水准路线布设方法	可以熟练布设3种等外水准路线	50		
水准测量数据的校核	可以熟练进行3种等外水准路线测量数据的复核	50		

项目相关知识点

一、水准点相关知识

1. 水准点的定义及作用

为了统一全国高程系统和满足各种测量的需要，测绘部门在全国各地设立固定点，并用水准测量方法获得其高程，这些点称为水准点（Bench Mark，BM）。工程建设人员利用布设在水准网上的水准点得到由控制网传递的高程数据。全国各地地面点的高程，都是根据国家水准网统一测算的。如图 3-13 所示是设置的一等水准点。

图 3-13　国家一等水准点

2. 水准点位置选定要求

(1)水准点应选在能够长期保存，便于施测，坚实、稳固的地方。
(2)水准路线应尽可能沿坡度小的道路布设，尽量避免跨越河流、湖泊、沼泽等地形。
(3)在选择水准点时，应考虑到高程控制网的进一步加密。
(4)应考虑到便于与国家水准点进行联测。
(5)水准网应布设成附合路线、闭合路线和支线网。

3. 公路水准点设置要求

(1)水准点间的距离。对于公路工程专用水准点，应选择公路路线两侧距中线 50~100 m 的范围内，水准点间距一般为 1~1.5 km，山岭重丘区可适当加密；大桥两岸、隧道两端、垭口及其他大型构造物附近也应增设水准点。公路施工沿线设置的水准点如图 3-14 所示。

图 3-14　公路施工沿线设置水准点

(2)水准点的类型。水准点可分为永久性水准点和临时性水准点两种。永久性水准点一般用混凝土或钢筋混凝土制成，其顶部嵌入半球形的金属标志，如图 3-15 所示。

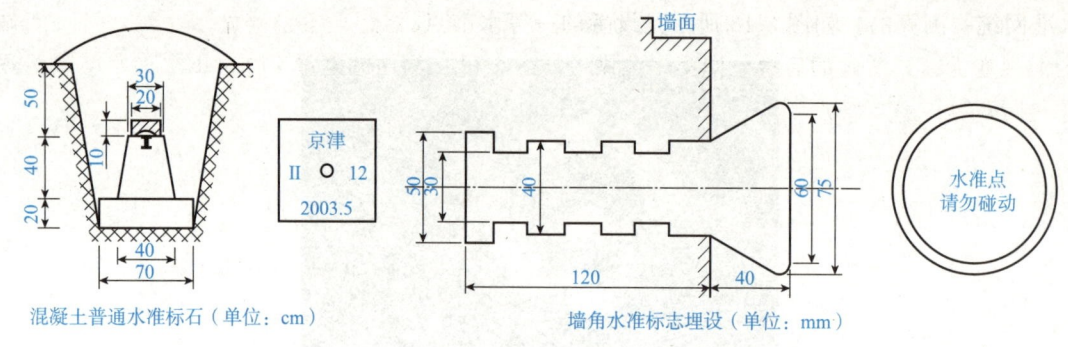

图 3-15　永久性水准点示意图

临时性的水准点可用更简便的方法来设立。例如，一般用木桩打入地面，桩顶钉入顶部为半球形的铁钉，还可以用刻凿在岩石上的或用油漆标记在建筑物上的简易标志。

二、等外水准测量方法

等外水准测量，即为普通水准测量，它的精度要求低于国家四等高程控制网。当两水准点间的距离较近，可设站一次测定两点间的高差，此时水准尺应直接立于水准点上。当两水准点相距较远，需在两点间设若干站，水准尺立于转点上，分别测出各站的高差。各测站高差之和，即为两水准点 A、B 间的高差 h_{AB}。

当欲测的高程点距水准点较远或高差很大时，就需要连续多次安置仪器以测出两点的高差。为测 A、B 点高差，在 AB 线路上增加 1、2、3、4 等转点，如图 3-16 所示。

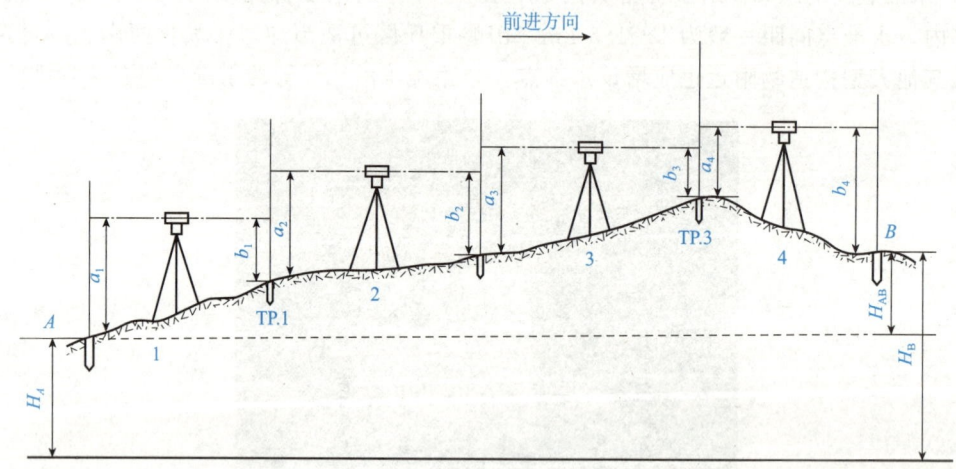

图 3-16　普通水准测量的实施

1. 等外水准测量步骤

（1）首先在离已知水准点 A 适当距离（一般不超过 100 m）处选择转点 1，安放尺垫，在 A、1 两点上分别竖立水准尺，在两点大致等距处安置水准仪，进行水准仪整平工作。

（2）整平仪器后瞄准后视点 A，读出后视读数 a_1；再瞄准前视点 1，读出前视读数 b_1，记录观测数据，填入水准测量记录表中，并进行第一测站的高差计算。

(3)第一测站结束后,可将后尺向前移动,同时将仪器迁至第二测站。此时,第一测站的前视变为第二测站的后视。同第一测站一样进行第二测站的测量工作。依次沿水准路线逐站进行观测,直至终点。

2. 等外水准测量记录

记录一定要在表格上进行,记录时要回报读数,以防听错,不准涂改。测量记录表见表 3-7。

表 3-7 水准测量记录表

点号	后视读数	前视读数	高差	高程	备注
BM_A	1.635		0.819	86.213	已知 A 点高程
1	1.823	0.816	0.897	87.032	
2	2.126	0.926	0.781	87.929	
3	1.786	1.345	1.001	88.710	
4	1.687	0.785	0.796	89.711	
5	1.658	0.891	0.779	90.507	
BM_B				91.286	求 B 点高程
校核计算	$\sum_{i=1}^{n} a_i - \sum_{i=1}^{n} b_i = 10.715 - 5.642 = 5.073$ $\sum_{i=1}^{n} h_i = 5.073$ $H_B - H_A = 91.286 - 86.213 = 5.073$					

3. 等外水准测量路线类型

(1)闭合水准路线。如图 3-17 所示,BM 为已知高程的水准点,1、2、3 为未知高程点。从已知高程的水准点 BM 出发,经过若干个未知高程点 1、2、3 进行水准测量,最后又回到已知水准点 BM 上,这样的水准路线称为闭合水准路线。

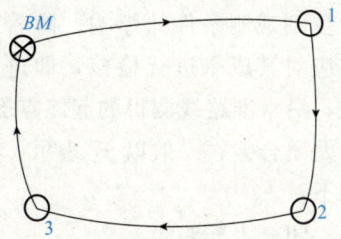

图 3-17 闭合水准路线

(2)附合水准路线。如图 3-18 所示,A 为已知高程的高级水准点,从 A 点出发,经过 1、2、3 等若干个未知高程点进行水准测量,最后附合到另外一水准点 B 上,这样的水准路线称为附合水准路线。

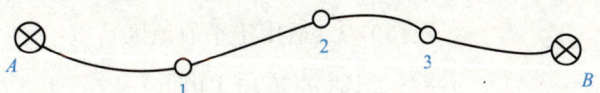

图 3-18 附合水准路线

(3)支水准路线(又称往返水准路线),如图 3-19 所示。

图 3-19　支水准路线

4. 水准测量的数据校核

水准测量的数据校核方法有三种,分别是计算校核、测站校核和成果校核。下面分别介绍这三种校核方法。

(1)计算校核。为校核高差计算有无错误,所有的后视读数减去所有的前视读数应该等于高差的代数和。如果不相等,则要检查数据记录和计算过程,如果数据记录和计算过程没有问题,则认为是在测量过程中发生了错误,如读数错误、塔尺接头错误等,此时应该考虑重测。

(2)测站校核。在连续水准测量中,只进行计算校核,还无法保证每一个测站的高差没有问题,如用计算校核无法查出测量过程中是否读错、听错、记错水准尺上的读数。因此,对每一站的高差,还应采取相应的措施进行检核,以保证每个测站高差的正确性。常用的测站检核方法有双仪高法和双面尺法。

双仪高法又称变更仪器高法,是在同一个测站上用两次不同的仪器高度,测得两次高差并进行检核。每站变动仪器高升幅或降幅大于 10 cm,两次仪器高测得的高差相差不大于 ±5 mm 时,取其均值作该站测量的结果;大于 ±5 mm 时称为超限,应重测。

双面尺法是在每一测站上,用同一仪器高,分别在红、黑两个尺面上读数,然后比较黑面测得高差和红面测得高差,当较差满足时,取其平均值作为该测段高差。否则重新观测。注意观测顺序是黑、黑、红、红。

(3)成果校核。计算检核只能发现计算是否有错,而测站检核只能检核每一个测站上是否有错误,不能发现立尺点变动的错误,更不能评定测量成果的精度,同时由于观测时受到观测条件的影响,随着测站数的增多使误差积累,有时也会超过规定的限差,因此应对其成果进行检核,即进行高差闭合差的检核。在水准测量中,由于测量误差的影响,沿水准路线测得的起终点的高差值与起终点的实际应有高差值不相符,二者的差值称为高差闭合差,一般以 f_h 表示。高差闭合差的计算,随着水准路线形式的不同而不同,分别如下:

闭合水准路线: $f_h = \sum h_测$ 　　　　　　　　　　　　　　　　　(3-5)

附合水准路线: $f_h = \sum h_测 - \sum h_理 = \sum h_测 - (H_终 - H_始)$ 　(3-6)

支水准路线: $f_h = \sum h_往 + \sum h_返$ 　　　　　　　　　　　　　(3-7)

高差闭合差容许误差:

$$f_{h容} = \pm 40\sqrt{L} \text{ (适用于平原地区)} \tag{3-8}$$

或

$$f_{h容} = \pm 12\sqrt{n} \text{ (适用于山区)} \tag{3-9}$$

式中　$f_{h容}$——容许高差闭合差(mm);

　　　L——水准路线的长度(km);

n——测站数。

上述水准路线中，当高差闭合差在容许误差范围内，即 $f_h \leqslant f_{h容}$，认为精度合格，成果可用。若超过容许值，应查明原因，进行重测，直到符合要求为止。

5. 水准测量内业数据处理

水准测量的外业测量数据经检核后，如果满足了精度要求，就可以进行内业成果计算（平差计算），即调整高差闭合差，将高差闭合差按误差理论合理分配到各测段的高差中去，最后求出未知点的高程。

改正原则：按测站数（或路线长度）成正比，反符号分配。

(1)附合水准路线成果计算。

1)高差闭合差的计算：

$$f_h = \sum h_{测} \tag{3-10}$$

$$f_{h容} = \pm 12\sqrt{n} \tag{3-11}$$

将式(3-10)和式(3-11)计算的结果进行比较，是否符合精度要求，

2)高差闭合差的调整：当 $f_h < |f_{h容}|$ 时，说明水准测量的成果合格，可以进行高差闭合差的分配。对于闭合、附合水准测量而言，高差闭合差的分配按照与水准路线长度 L 或测站数 n 成正比，将高差闭合差反号分配至各个高差上，使得改正后的高差总和等于理论值，最后按照改正后的高差来计算各水准点的高程。对于支水准路线而言，取往、返测高差的平均值作为理论值。高差符号以往测为准，最后计算各水准点的高程。

(2)闭合水准路线的成果计算。闭合水准路线闭合差的调整、各点高程的计算及容许值的大小，均与附合水准路线相同，此处不再赘述。

(3)支水准路线的成果计算。因支水准路线只求一个点的高程，故只取往返高差的平均值即可(平均高差的符号与往测的高差值的符号相同)。

任务三　三、四等水准测量

任务部署

在实训场地选定一条闭合水准路线 $ABCDA$，中间设待定点 B、C、D，其中 A 点为已知点，高程为 100 m，安排该闭合水准路线的三、四等水准测量并完成数据记录和计算。

任务目标

(1)熟悉三、四等水准测量的方法和记录。

(2)熟悉三、四等水准测量的成果计算。

(3)掌握如何布设三、四等水准路线。

(4)掌握三、四等水准测量方法。

任务分组

班级		组号		指导教师	
组长		学号			

组员	姓名	学号	姓名	学号

任务分工	

获取资讯

引导问题1　四等水准测量的方法有哪些？

引导问题2　写出四等水准测量的计算公式和记录表格。

引导问题3　某测区布设一条四等闭合水准路线，已知水准点 BM_0 的高程为 100.310 m，各测段的高差(m)及单程水准路线长度(m)如图 3-20 所示，试计算1、2、3 三个待定水准点的高程。

任务计划与决策

每个学生提出自己的计划和方案，经小组讨论比较，得出统一测量方案，教师审查每个小组的测量方案、工作计划并提出整改建议；各小组进一步优化方案，确定最终的测量工作方案。

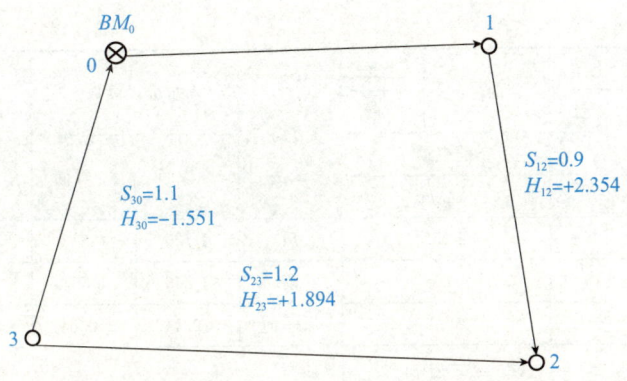

图 3-20 某测区四等闭合水准路线

任务实施

(1)在教师的指导下布设好普通闭合水准路线,至少包括 4 个水准点以上。
(2)按测量方案和步骤完成四等水准测量及相关数据的计算(表 3-8)。
(3)测量工作完成后,应按一定的检校方法对测量结果进行检查,确保测量结果的正确性及精度,养成检校的习惯。
(4)组与组之间要多交流、共同探讨,获取测量结果的处理及整理方法,完成本任务测量数据的处理及成果的整理。

表 3-8　四等水准测量记录、计算表

测站编号	后尺 上丝 下丝 后视距 视距差 d	前尺 上丝 下丝 前视距 $\sum d$	方向	水准尺读数 黑面	水准尺读数 红面	$K+$黑$-$红	高差中数	备注
	(1)	(5)	后	(3)	(14)	(15)	(18)	
	(2)	(6)	前	(7)	(12)	(13)		
	(4)	(8)	后—前	(9)	(16)	(17)		
	(10)	(11)						
1	157	739	后	1 384	6 171	0	+0.832	
	1 197	363	前	551	5 239	−1		
	37.4	37.6	后—前	+0.833	+0.932	+1		
	−0.2	−0.2						
2	2 121	2 196	后	1 934	6 621	0	−0.074	
	1 747	1 821	前	2 008	6 796	−1		
	37.4	37.5	后—前	−0.074	−0.175	+1		
	−0.1	−0.3						

续表

测站编号	后尺	上丝	前尺	上丝	方向	水准尺读数		K+黑 −红	高差中数	备注
		下丝		下丝						
	后视距		前视距			黑面	红面			
	视距差 d		∑d							
3	1 914		2 055		后	1 726	6 513	0	−0.140	
	1 539		1 678		前	1 866	6 554	−1		
	37.5		37.7		后−前	−0.140	−0.041	+1		
	−0.2		−0.5							
4	1 965		2 141		后	1 832	6 519		−0.174	
	1 700		1 874		前	2 007	6 793	+1		
	26.5		26.7		后−前	−0.175	−0.274	−1		
	−0.2		−0.7							
5	1 540		2 813		后	1 304	6 091	0	−1.281	
	1 069		2 357		前	2 585	7 272	0		
	47.1		45.6		后−前	−1.281	−1.181	0		
	+1.5		+0.8							
检核										

评价反馈

完成任务后，学生自评，完成表3-9。

表3-9　学生自评表

班级：　　　姓名：　　　学号：

任务三	三、四等水准测量		
评价内容	评价标准	分值	得分
三、四等水准路线的布设	在教师指导下独立完成	30	
三、四等水准测量方法	会用水准仪进行测量	40	
三、四等水准测量的数据处理及成果计算	可以熟练对测量数据进行记录和计算整理	30	

项目相关知识点

三、四等水准测量，除用于国家高程控制网的加密外，还常用作小区域的首级高程控制，以及工程建设地区内工程测量和变形观测的基本控制。三、四等水准网应从附近的国家高一级水准点引测高程。

小区域高程控制网，应根据测区面积大小和工程要求采用分级的方法建立。在全测区范围内建立三、四等水准路线和水准网，再以三、四等水准点为基础，测定图根点的高程。工程建设地区的三、四等水准点的间距可根据实际需要决定，一般为1~2 km一个，应埋设普通水准标石或临时水准点标志，也可利用埋石的平面控制点作为水准点。在厂区内则注意不要选在地下管线上方，距离厂房或高大建筑物不小于25 m，距振动影响区不小于5 m，距回填土边不少于5 m。

四等水准测量常用的观测方法是双面尺法。当采用双面尺法时，必须使用双面水准尺。双面水准尺尺长为3 m，两根尺为一副。尺的双面均有刻划，一面为黑白相间，称为黑面尺（也称基本分划面）；另一面为红白相间，称为红面尺（也称辅助分划面）。两面的刻划均为1 cm，在分米处注有数字。两根尺的黑面尺尺底均从零开始，而红面尺尺底，一根从4.687 m开始，另一根从4.787 m开始。在视线高度不变的情况下，同一根水准尺的红面和黑面读数之差应等于常数4.687 m或4.787 m，这个常数称为尺常数，用 K 来表示，以此可以检核读数是否正确。

1. 三、四等水准测量要求

三、四等水准路线在加密国家控制点时多布设为附合水准路线；在独立测区作为首级高程控制时，应布设成闭合水准路线。三、四等水准测量的主要技术要求见表3-10和表3-11。

表3-10 光学水准仪观测的主要技术要求

等级	水准仪级别	视线长度/m	前后视距差/m	任一测站上前后视距差累积/m	视线离地面最低高度/m	基、辅分划或黑、红面读数之差/mm	基、辅分划或黑、红面所测高差之差/mm
三等	DS1、DSZ1	100	3.0	6.0	0.3	1.0	1.5
	DS3、DSZ3	75				2.0	3.0
四等	DS3、DSZ3	100	5.0	10.0	0.2	3.0	5.0

注：1. 三等光学水准测量观测顺序应为后—前—前—后；四等光学水准测量观测顺序应后—后—前—前；

2. 三、四等水准采用变动仪器高度观测单面水准尺时，所测两次高差较差，应与黑面、红面所测高差之差的要求相同。

表3-11 数字水准仪观测的主要技术要求

等级	水准仪级别	水准尺类别	视线长度/m	前后视的距离较差/m	前后视的距离较差累积/m	视线离地面最低高度/m	测站两次观测的高差之差/mm	数字水准仪重复测量次数
三等	DSZ1	条码式因瓦尺	100	2.0	5.0	0.45	1.5	2
四等	DSZ1	条码式因瓦尺	100	3.0	10.0	0.35	3.0	2
	DSZ1	条码式玻璃钢尺	100	3.0	10.0	0.35	3.0	2

注：1. 三等数字水准测量观测顺序应为后—前—前—后；四等数字水准测量观测顺序应为后—后—前—前；

2. 水准观测时，若受地面振动影响，应停止测量。

2. 三、四等水准测量的方法

(1)观测程序。依据使用的水准仪型号及水准尺类型,三、四等水准测量的观测方法有所不同。以下介绍用 DS3 型水准仪及双面水准尺(简称为双面尺法)在一个测站上的观测步骤。

1)瞄准后视黑面尺,读取下丝、上丝和中丝读数记入表 3-12 中(1)、(2)、(3)并计算(4)。

2)瞄准前视黑面尺,读取下丝、上丝和中丝读数记入表 3-12 中(5)、(6)、(7)并依次计算(8)、(10)、(11)。

3)瞄准前视红面尺,读取中丝读数,记入表中(12),并计算(13)。

4)瞄准后视红面尺,读取中丝读数,记入表中(14),并依次计算(15)、(9)、(16)、(17)和(18)。

一个测站上的这种观测顺序简称为"后—前—前—后"(或称黑、黑、红、红)。四等水准测量也可采用"后—后—前—前"(黑、红、黑、红)的顺序。

表 3-12　三、四等水准测量记录、计算表(双面尺法)

测站编号	后尺 上丝 下丝	前尺 上丝 下丝	方向	水准尺读数 黑面	水准尺读数 红面	K+黑 －红	高差中数
	后视距	前视距					
	视距差 d	∑d					
	(1)	(5)	后	(3)	(14)	(15)	
	(2)	(6)	前	(17)	(12)	(13)	
	(4)	(8)	后—前	(9)	(16)	(17)	(18)
	(10)	(11)					

(2)测站的计算与校核。

1)视距计算:

$$后视距离(4)=100\times[(1)-(2)] \qquad (3\text{-}12)$$

$$前视距离(8)=100\times[(5)-(6)] \qquad (3\text{-}13)$$

$$前后视距差(10)=(4)-(8)(此值应符合表 3\text{-}12 的要求) \qquad (3\text{-}14)$$

$$前后视距累计差(11)=本站(10)+前站(11)(此值应符合表 3\text{-}12 的要求) \qquad (3\text{-}15)$$

2)水准尺读数校核:

$$前视黑、红读数差(13)=K_{前}+(7)-(12) \qquad (3\text{-}16)$$

$$后视黑、红读数差(15)=K_{后}+(3)-(14) \qquad (3\text{-}17)$$

式中,K 为水准尺常数,如 $K_{前}=4.787$,$K_{后}=4.687$,即水准尺红面的起点读数。

理论上(13)、(15)应等于零,不符值应满足表 3-12 的要求。

3)高差计算。

$$黑面高差(9)=(3)-(7) \qquad (3\text{-}18)$$

$$红面高差(16)=(14)-(12) \qquad (3\text{-}19)$$

$$黑、红面高差之差(17)=(9)-(16)+0.100(此值应符合表3-12的要求) \quad (3-20)$$
$$计算校核：(17)=(15)-(13) \quad (3-21)$$

最后得到：
$$平均高差(18)=[(9)+(16)+0.100]/2 \quad (3-22)$$

式中，0.100 为前后尺常数 K 值之差。当 $K_后=4.687$ 时，取"＋"；当 $K_后=4.787$ 时取"－"。

(4)每页计算校核。

1)高差部分。按页分别计算后视黑、红面读数总和与前视读数总和之差，它应等于黑、红面高差之和。

对于测站数为偶数：
$$\sum[(3)+(14)]-\sum[(7)+(12)]=\sum[(9)+(16)]=2\sum(18)$$

对于测站数为奇数：
$$\sum[(3)+(14)]-\sum[(7)+(12)]=\sum[(19)+(16)]=2\sum(18)+0.100$$

2)视距部分。后视距总和与前视距总和之差应等于末站视距累计差。校核无误后，可计算水准路线的总长度 L。
$$L=\sum(4)+\sum(8) \quad (3-23)$$

3. 成果整理

在完成一测段单程测量后，必须立即计算其高差总和。完成一测段往返观测后，应立即计算高差闭合差，进行成果校核。其高差闭合差应符合表 3-12 的要求。然后按任务二讲述的平差计算对闭合差进行分配，最后按调整后的高差计算各水准点的高程。

任务四 电子水准仪

任务部署

认识电子水准仪，熟悉电子水准仪的测量过程。

任务目标

1. 熟悉电子水准仪。
2. 掌握电子水准仪的测量方法。
3. 会使用南方 DL-2003 电子水准仪进行水准测量。

任务分组

班级		组号		指导教师	
组长		学号			

组员	姓名	学号	姓名	学号

任务分工	

获取资讯

引导问题1　电子水准仪的测量原理是什么？
引导问题2　电子水准仪的构造是什么？
引导问题3　电子水准仪的测量方法是什么？
引导问题4　电子水准仪的测量高程的操作步骤是什么？

任务计划与决策

每个学生提出自己的计划和方案，经小组讨论比较，得出统一测量方案，教师审查每个小组的测量方案、工作计划并提出整改建议；各小组进一步优化方案，确定最终的测量工作方案。

任务实施

1. 工作准备

(1)准备仪器。

(2)布置场地并画出示意图。

2. 测量过程

(1)安置仪器。写出架设仪器的注意事项,并拍一张安置好的仪器照片进行上传。

(2)对中整平。简述对中整平方法并拍一张整平好的仪器照片进行上传,最后记录整平工作的最短用时(表3-13)。

表 3-13　电子水准仪对中整平记录

对中整平方法	最短用时

(3)选择高程测量。

(4)瞄准和读取数值。

(5)计算结果。已知点的高程为 100 m,求待测点的高程。

评价反馈

完成任务后,学生自评,完成表 3-14。

表 3-14　学生自评表

班级:　　　姓名:　　　学号:

任务四	电子水准仪		
评价内容	评价标准	分值	得分
电子水准仪的构造	熟练准确指出各个构造	30	
电子水准仪的使用方法	会独立使用	40	
电子水准仪的测量方法和数据记录	能够独立完成	30	

项目相关知识点

1. 电子水准仪概述

自 1990 年徕卡公司第一台数字电子水准仪问世,徕卡公司和蔡司公司相继成功地将数字电子水准仪推向市场,实现了水准标尺的精密照准、标尺分划读数和视距的读取、数据储存和处理等数据采集的自动化,从而减轻了水准测量的劳动强度,提高了测量和成果质量。目前的常用电子水准仪产品有徕卡 DNA03、拓普康的 DL101、DL102、Trimble 的 DiNi12、南方的 DL-2003 等,如图 3-21 所示。

工程测量技术

NA2000（世界第一） 徕卡DNA03/10 拓普康DL101/102

索佳SDL30 Trimble DiNi12/DiNi22 拓普康DL103

图 3-21 常用电子水准仪

2. 南方 DL-2003 电子水准仪构造

南方电子水准仪使用键盘和安装在侧面的测量键来操作，由 LCD 显示器显示给使用者，并显示测量结果和系统的状态。观测时，电子水准仪在人工完成安置与粗平、瞄准目标（条形编码水准尺）后，按下测量键后 3～4 s 即显示出测量结果。其测量结果可储存在电子水准仪内或通过电缆连接存入机内记录器中。另外，观测中如水准标尺条形编码被局部遮挡小于 30%，仍可进行观测。

3. 测量原理

数字水准仪仪器结构如图 3-22 所示。数字水准仪的测量系统由数字水准仪及条码尺组成，如图 3-23 所示。条码尺是由宽度相等或不等的黑白条码按某种编码规则进行有序排列而成的。数字水准仪测量的基本原理为：在人工或者自动完成编码标尺的照准和调焦以后，条码尺的一段图像可以成像在十字丝分划板上供人眼观测用，另外这一段图像又可以成像在光电传感器的焦线上。对光电传感器上获取到的图像进行处理后，可以精确地确定数字水准仪的望远镜视准轴的位置（视线高）及编码标尺至水准仪竖轴的距离（视距）。

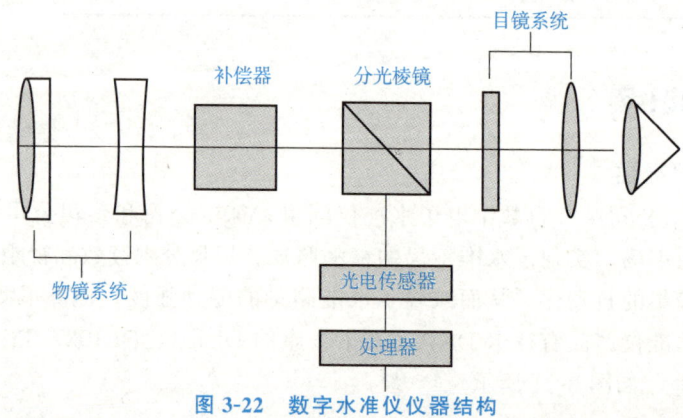

图 3-22 数字水准仪仪器结构

项目三 水准测量

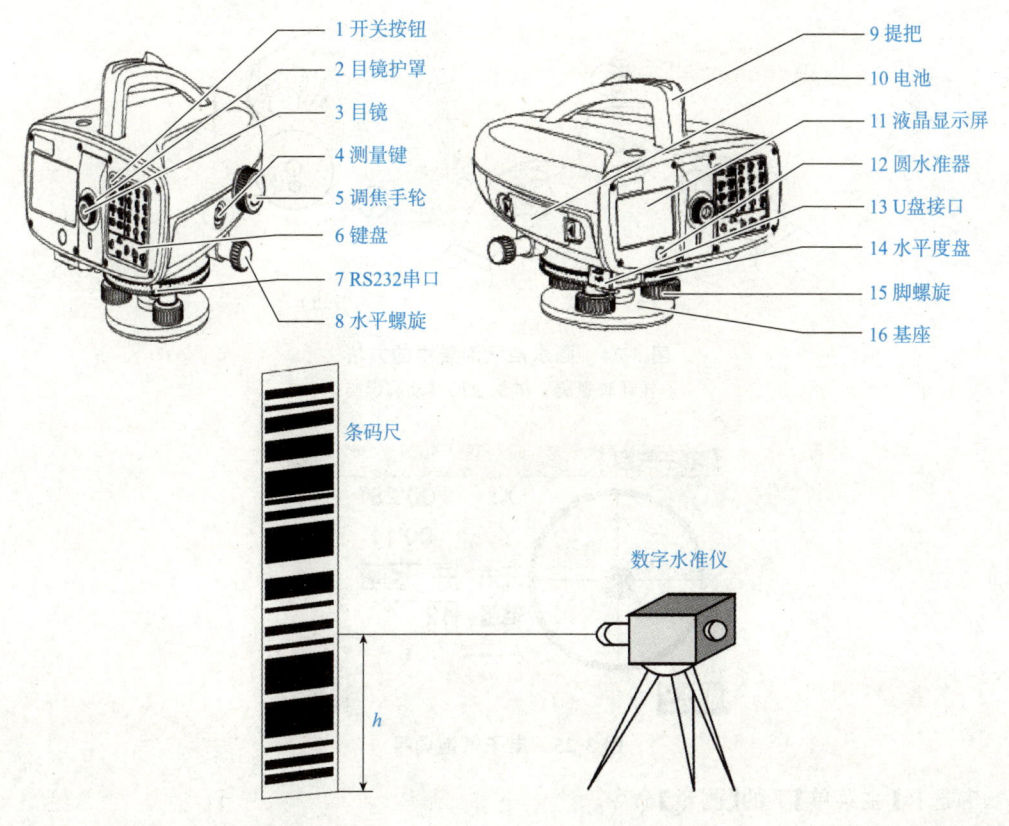

图 3-23 数学水准仪测量原理

4. 电子水准仪使用方法

(1)摆放三脚架。松开三脚架固定螺旋,将三脚架升到合适的高度,旋紧三脚架的固定螺旋。以适当的高度伸开三脚架,将三条腿插入地面。顺着三脚架腿的方向用力踩,将三脚架踩实,并尽可能使三脚架面水平。三脚架面略微不水平,可用仪器的基座螺旋整平。

(2)安置仪器及对中。三脚架中心尽可能对中地面点,将水准仪放在三脚架上,旋紧三脚架中心固定螺旋。挂上垂球,稍稍松开中心固定螺旋,在三脚架面上平行移动仪器,使垂球精确对中地面点。拧紧中心固定螺旋,将三个基座脚螺旋都转动到适中位置。

(3)圆水准器气泡居中(图 3-24)。目视确定脚螺旋 3 的位置。按相反的方向同时转动脚螺旋 1、2,使气泡居中在螺旋 3 与脚螺旋 1、2 中点连线的方向上。转动脚螺旋 3 使气泡居中。

本过程也可通过电子气泡调平,如图 3-25 所示。

(4)望远镜调焦。用望远镜照准明亮的背景(如白纸),转动目镜使十字丝线最黑最清晰。用概略瞄准器使望远镜瞄准标尺,转动调焦螺旋使影像清晰,上下移动眼睛,标尺和十字丝的影像不应当有相对移动。

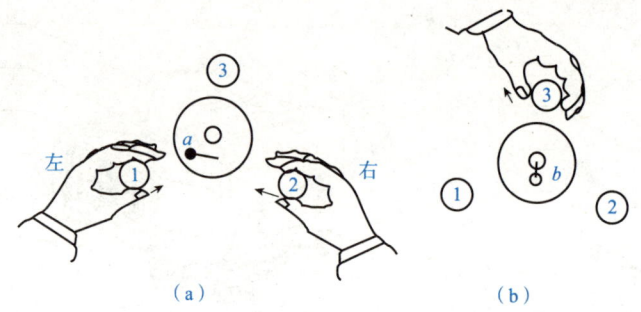

图 3-24　圆水准气泡居中的方法

(a)转动脚螺旋 1 和 2；(b)转动脚螺旋 3

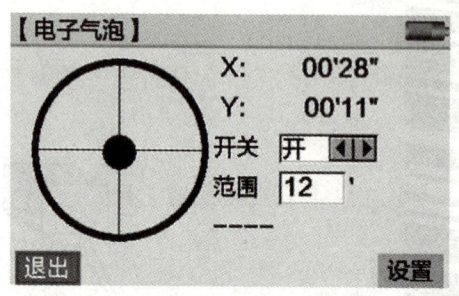

图 3-25　电子气泡调平

(5)选择【主菜单】下的【测量】命令。

(6)选择【高程测量】。

在【主菜单】面板中选择【测量】按钮，选择"①高程测量"即可调出【高程测量】界面，如图 3-26 所示。

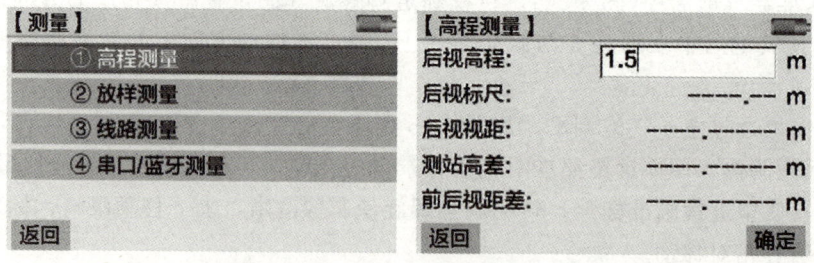

图 3-26　【主菜单】→【测量】→【高程测量】界面

(7)观测：将望远镜对准条纹水准尺，按仪器上的测量键。

(8)读数：直接从显示窗口中读取高差和高程。测量完成后单击"确定"按钮查看高程测量结果。此外，还可获取距离等其他数据。

📖 课程思政

青藏公路和川藏公路

1954年12月25日，是西藏历史上一个永远值得铭记的日子。当天，青藏公路和川藏公路同时通达拉萨，结束了西藏没有公路的历史。建成后的青藏公路被称为"世界屋脊上的苏伊士运河"，担负着80%以上进藏物资的运输。

青藏线平均海拔4 000 m以上，气候高寒缺氧。筑路团队从事高原施工，不仅是对体力和毅力的考验，更是会面临失去生命的危险。筑路大军不畏艰难险阻，团结一致。见山劈山，横越昆仑山、唐古拉山；遇水架桥，跨长江源头沱沱河、通天河。过荒漠戈壁、高原冻土，穿石峡谷地，餐风卧雪，开始了人类历史上开天辟地的壮举。

高差闭合差的计算和调整　　高精度电子水准仪的相关知识介绍　　水准测量原理和仪器使用

项目四

角度测量

任务描述

本项目主要讲解角度测量的相关知识,包括经纬仪的认识与使用、水平角和竖直角的测量方法、三角高程测量等内容。

学习目标

通过本项目的学习,学生应该能够:
1. 掌握角度测量原理。
2. 掌握经纬仪的构造、功能和使用方法。
3. 会使用经纬仪进行水平角测量和竖直角测量。

任务一　经纬仪的认识和使用

任务部署

认识学习经纬仪的构造和各部分的功能;掌握经纬仪的使用方法。

任务目标

1. 了解经纬仪的构造。
2. 掌握经纬仪的读数方法。
3. 掌握经纬仪的使用方法和步骤。

任务分组

班级		组号		指导教师	
组长		学号			

组员	姓名	学号	姓名	学号

任务分工	

获取资讯

引导问题 1　经纬仪有哪些构造？各部分具有哪些功能？

引导问题 2　经纬仪的读数方法有哪些？

引导问题 3　经纬仪的使用步骤有哪些？

引导问题 4　经纬仪在瞄准时有哪些注意事项？

任务计划与决策

每个学生提出自己的计划和方案，经小组讨论比较，得出统一测量方案，教师审查每个小组的测量方案、工作计划并提出整改建议；各小组进一步优化方案，确定最终的测量工作方案。

任务实施

1. 准备 DJ6 经纬仪、三脚架、花杆等。
2. 认识经纬仪各部分的结构名称和功能。
3. 掌握经纬仪的对中、整平方法，会消除视差，并精确瞄准目标。
4. 掌握经纬仪的读数方法。

评价反馈

完成任务后，学生自评，完成表 4-1。

表 4-1 学生自评表

班级： 姓名： 学号：

任务一	经纬仪的认识和使用		
评价内容	评价标准	分值	得分
经纬仪构造	熟练说出经纬仪各部分构造名称及可实现的功能	20	
经纬仪使用方法	能熟练进行经纬仪的对中、整平和瞄准，并消除视差	50	
经纬仪读数	能正确读数	30	

项目相关知识点

一、DJ6 经纬仪的构造

经纬仪的基本构造如图 4-1 所示，主要包括照准部、水平度盘、基座三部分。

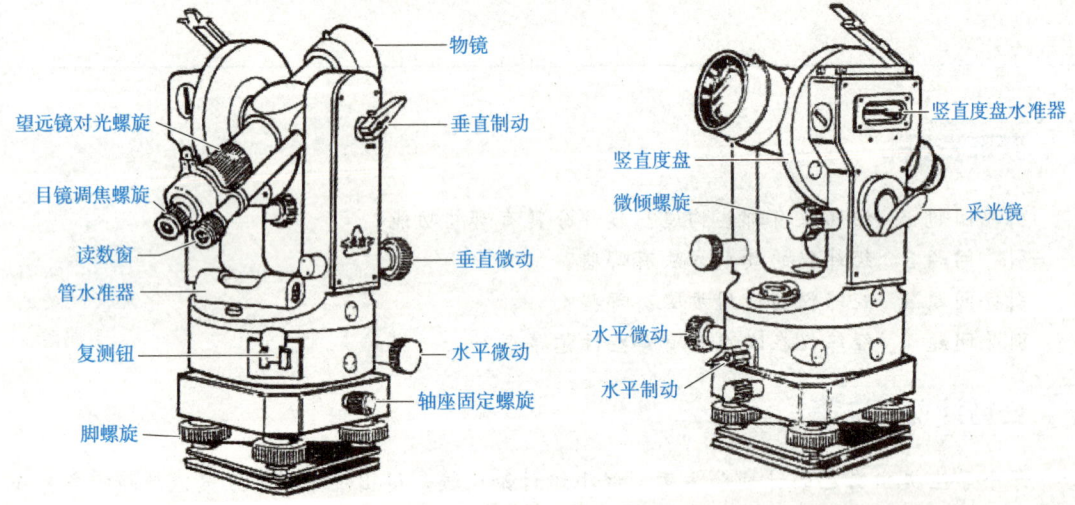

图 4-1 DJ6 经纬仪的构造

1. 照准部

照准部主要部件有望远镜、管水准器、竖直度盘、读数设备等。望远镜由物镜、目镜、十字丝分划板、调焦透镜组成。

望远镜的主要作用是照准目标，其与横轴连在一起，由望远镜制动螺旋和垂直微动螺旋控制其作上下转动。照准部可绕竖轴在水平方向转动，由照准部制动螺旋和水平微动螺旋控制其水平转动。

照准部水准管用于精确整平仪器。

竖直度盘是为了测竖直角设置的，可随望远镜一起转动。另设竖盘指标自动补偿器装置和开关，借助自动补偿器使读数指标处于正确位置。

读数设备，通过一系列光学棱镜将水平度盘和竖直度盘及测微器的分划都显示在读数显微镜内，通过仪器反光镜将光线反射到仪器内部，以便读取度盘读数。

另外，为了能将竖轴中心线安置在测站点的铅垂线上，在经纬仪上都设有对点装置。一般光学经纬仪都设置有垂球对点装置或光学对点装置，垂球对点装置是在中心螺旋下面装有垂球挂钩，将垂球挂在钩上即可；光学对点装置是通过安装在旋转轴中心的转向棱镜，将地面点成像在对点分划板上，通过对目镜放大，同时看到地面点和对点分划板的影像，若地面点位于对点分划板刻划中心，并且水准管气泡居中，则说明仪器中心与地面点位于同一铅垂线上。

2. 水平度盘

水平度盘是一个光学玻璃圆环，圆环上按顺时针刻划注记 0°～360°分划线，主要用来测量水平角。观测水平角时，经常需要将某个起始方向的读数配置为预先指定的数值，称为水平度盘的配置，水平度盘的配置机构有复测机构和拨盘机构两种类型。北光仪器采用的是拨盘机构，当转动拨盘机构变换手轮时，水平度盘随之转动，水平读数发生变化，而照准部不动，当压住度盘变换手轮下的保险手柄，可将度盘变换手轮向里推进并转动，即可将度盘转动到需要的读数位置上。

3. 基座

基座主要由基座、圆水准器、脚螺旋和连接板组成。基座是支撑仪器的底座，照准部同水平度盘一起插入轴座，用固定螺丝固定。圆水准器用于粗略整平仪器，三个脚螺旋用于整平仪器，从而使竖轴竖直，水平度盘水平。连接板用于将仪器稳固地连接在三脚架上。

二、经纬仪的读数装置

为了提高度盘读数精度，光学经纬仪的读数设备包括显微放大和测微装置。显微放大装置通过仪器外部采光和内部的一系列棱镜，以及由透镜组成的显微物镜，将度盘刻线成像于读数视窗，再通过显微目镜在读数窗上读数。测微装置能够在读数窗上测定不足一个度盘分划值的读数。在读数显微镜内看到的水平度盘和竖直度盘情况如图 4-2 所示。上半部分标有"H"或"水平"字样的是水平度盘，下半部分标有"V"或"竖直"字样的是竖直度盘。在水平度盘和竖直度盘上，相邻两分划线间的弧长所对的圆心角称为度盘的分划值。DJ6 经纬仪分划值为 1°，按顺时针方向每度注有度数，小于 1°的读数在分微尺上读取。读数窗内的分微尺有 60 个小格，其长度等于度盘上间隔为 1°两根分划线在读数窗中的影像长度。因此，测微尺上一小格的分划值为 1′，可估读到 0.1′，即 6″。带尺上的零线为读数指标线。读数时，首先读出落在带尺上度盘分划的读数，然后读出此分划线在带尺位置上的分数和估读的秒数，将度、分、秒读数相加，便可得到全部读数值。如图 4-3 所示，水平度盘读数为 125°13′12″。

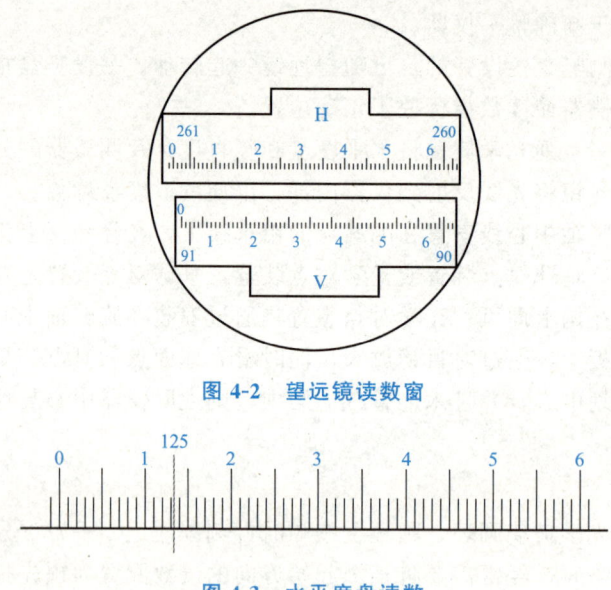

图 4-2　望远镜读数窗

图 4-3　水平度盘读数

三、经纬仪的使用

用经纬仪观测水平角或竖直角时，必须首先在欲测的角顶安置经纬仪。安置仪器包括对中、整平两项内容。仪器安置好后，即可进行瞄准、观测。

1. 对中

对中的目的是使仪器的中心与测站点的中心位于同一铅垂线上。可以使用垂球或光学对点器对中。具体操作方法为：将三脚架安置于测站点上，使架头大致水平，同时注意仪器高度要适中，安上仪器，拧紧中心螺旋，目估对中。转动目镜调整螺旋使对点器中心圈清晰，再拉伸镜筒，使测站点成像清晰。将一个架腿插入地面固定，用两手把握住另外两个架腿，并移动这两个架腿，直至测站点的中心位于圆圈的内边缘处或中心，停止转动脚架并将其踩实。调节脚螺旋，光学对点器对中标志与地面标志精确对中。

2. 整平

整平的目的是使仪器的竖轴处于铅垂位置，水平度盘处于水平状态。经纬仪的整平是通过调节脚架腿和脚螺旋，实现粗平和精平。具体做法如下。

粗平：伸缩三脚架架腿，使圆气泡居中。

精平：精平时，通过调节脚螺旋实现。气泡的运动方向遵循左手大拇指法则(图 4-4)。

(1)转动仪器照准部，使水准管平行于任意两个脚螺旋的连线方向。

(2)两手同时向内或向外旋转脚螺旋 1、2，使气泡居中。

(3)将照准部旋转 90°，调节第 3 个脚螺旋，使气泡居中。如此反复进行，直至照准部水准管在任意位置气泡均居中为止。

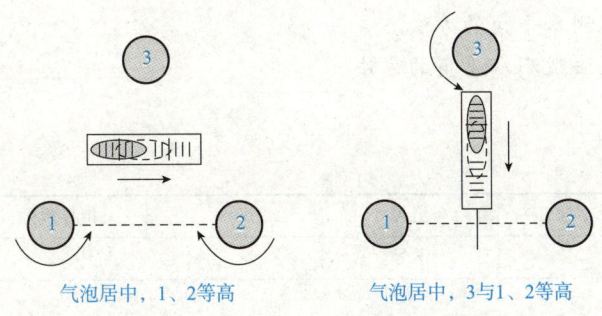

图 4-4 左手大拇指法则

检查光学对点器的对中标志与地面点标志间是否产生较大偏离,若偏离较大,需重新、反复操作脚螺旋、架腿,使光学对点器的对中标志与地面点标志重合;若偏离较小,可松开中心连接螺旋,通过在架头上平移仪器,使其精确对中(注意仪器不可在基座面上转动),如此反复操作,直到仪器对中和整平均满足要求为止(精度要求:对中不大于±3 mm;整平不大于1格)。

3. 瞄准

测角时要照准目标,目标一般是竖立于地面上的标杆、测钎或觇牌。测水平角时,以望远镜的十字丝的竖丝照准目标。

进行目镜对光,使十字丝清晰,用望远镜上准星和照门(或粗瞄准器)粗略瞄准目标,调节物镜对光螺旋,使成像清晰。当在望远镜中看到目标的像后,固定水平制动螺旋。消除视差,调节水平微动螺旋,精确用十字丝瞄准目标。

进行水平角观测时,应尽量瞄准目标底部。当目标较近、成像较大时,用十字丝的单丝平分目标,目标位于双丝中央。当目标较远,成像较小时,可用十字丝竖丝与目标重合或将目标夹在双竖丝中央。

4. 读数

首先调整反光镜位置,使得读数显微镜的光线强度适中。旋转读数显微镜目镜对光螺旋,使得读数窗清晰,按照"二、经纬仪的读数装置"中所述的方法,读取水平度盘或竖直度盘所对应的角度数值。

任务二 水平角测量

任务部署

角度测量是确定地面点位置的基本工作之一,包括水平角测量和竖直角测量。

任务目标

1. 掌握角度测量原理。

2. 掌握测回法观测水平角的方法。
3. 掌握方向观测法观测水平角的方法。

任务分组

班级		组号		指导教师	
组长		学号			
组员	姓名		学号	姓名	学号
任务分工					

获取资讯

引导问题 1　什么是水平角？其取值范围是多少？

引导问题 2　水平角测量的原理是什么？对测量仪器有何要求？

引导问题 3　简述测回法观测水平角的方法和步骤。

引导问题 4　测回法观测水平角数据记录、计算与检核方法是什么？

引导问题 5　简述方向观测法观测水平角的方法和步骤。其数据记录与计算检核方法是什么？

任务计划与决策

每个学生提出自己的计划和方案，经小组讨论比较，得出统一测量方案，教师审查每个小组的测量方案、工作计划并提出整改建议；各小组进一步优化方案，确定最终的测量工作方案。

任务实施

1. 准备 DJ6 经纬仪、三脚架、花杆等。
2. 熟练操作经纬仪。
3. 掌握使用经纬仪采用测回法观测水平角的方法。
4. 掌握测回法观测水平角的记录和计算方法。

评价反馈

完成任务后，学生自评，完成表 4-2。

表 4-2 学生自评表

班级：　　　　姓名：　　　　学号：

任务二	水平角的测量		
评价内容	评价标准	分值	得分
经纬仪的使用	熟练操作水准仪	20	
测回法观测水平角	正确使用测回法进行水平角观测	40	
数据记录、计算与检核	正确记录测量数据，进行水平角计算和检核	40	

项目相关知识点

一、角度测量原理

角度测量是确定地面点位置的基本工作之一，包括水平角测量和竖直角测量。

1. 水平角

水平角是指从空间一点出发的两个方向在水平面上的投影所夹的角度，通常用 β 表示。如图 4-5(a) 所示：设有地面直线 OA 和 OC 相交于点 O，构成空间角度 $\angle AOC$，则两方向 OA 和 OC 构成的水平角为 $\angle AOC$，也就是过直线 OA 的竖直面和过直线 OC 的竖直面所夹的二面角的平面角为 β。水平角的取值范围为 0°～360°。

2. 竖直角

竖直角是指目标方向所在的竖直面内，目标方向与水平方向之间的夹角，通常用 α 表示。如图 4-5(b) 所示：两方向 OA 和 OC 的竖直角分别为 α_A、和 α_C。目标方向在水平线之上，称为仰角，用正号"＋"表示；目标方向在水平线之下，称为俯角，用负号"－"表示。竖直角的取值范围为 0°～±90°。

经纬仪就是依据水平角和竖直角的测量原理设计的进行角度测量的仪器，其主要特点包括以下四点。

(1) 仪器能够安置在过角顶的铅垂线上。
(2) 具有水平度盘，圆心过角顶铅垂线并能安置成水平，用来测定水平角。
(3) 在竖直面内，安置有竖直度盘，用来测定竖直角。
(4) 仪器具有在水平方向和竖直方向转动的瞄准功能。

二、测回法观测水平角

水平角的测量方法根据测量工作的精度要求、观测目标的多少及所用的仪器而定，一般有测回法和方向观测法两种。

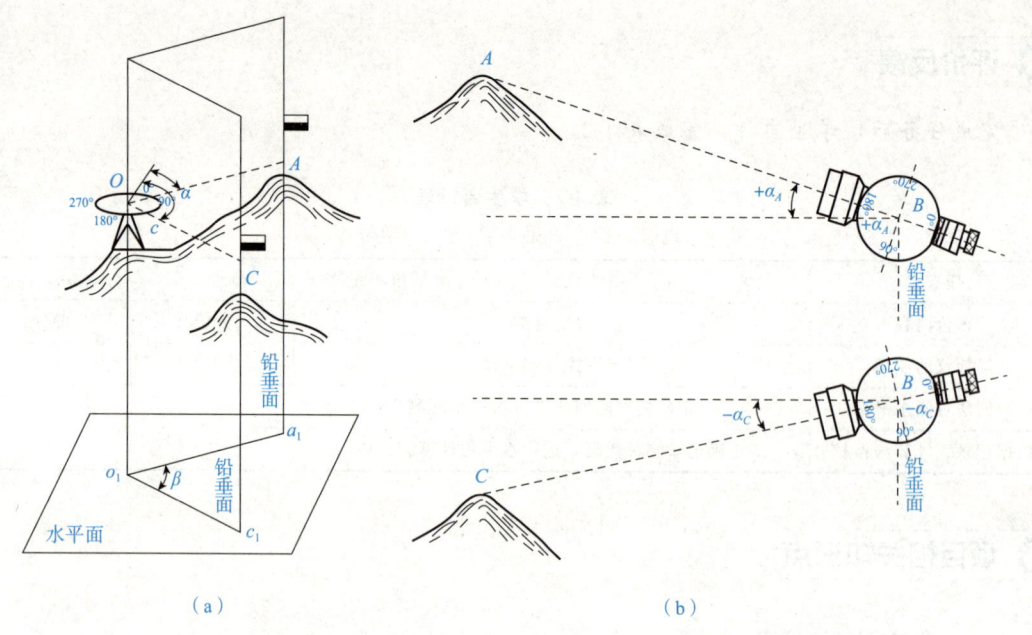

图 4-5 角度测量原理

测回法适用于在一个测站有两个观测方向的水平角观测,如图 4-5 所示,欲测 OA、OC 两方向之间的水平角 $\angle AOC$ 时,在 A、C 处设立观测标志,在角顶 O 处安置经纬仪,分别照准目标 A、C 两点,并读数,两读数之差即为水平角 $\angle AOC$ 的角值。为了消除经纬仪的某些误差,一般采用盘左、盘右进行观测后取平均值的办法。

盘左是指观测者对着望远镜的目镜时,竖直度盘处于望远镜左侧位置,又称为正镜。盘右是指观测者对着望远镜的目镜时,竖直度盘处于望远镜的右侧位置,又称为倒镜。

测回法观测步骤如下。

1. 盘左位置

(1)在经纬仪对中、整平后,盘左位置精确瞄准目标 A,配置水平度盘,设为 $0°00'00''$ 左右,读取水平度盘读数 a_1,记入观测手簿,见表 4-3。

(2)松开制动螺旋,顺时针转动照准部,精确瞄准目标 C,读取水平度盘读数 $c_1(87°24'18'')$,记录。

以上两步称为上半测回,测得水平角值为

$$\beta_{左}=c_1-a_1 \tag{4-1}$$

2. 盘右位置

(1)松开制动螺旋,倒转望远镜成盘右位置,逆时针旋转望远镜转动照准部,瞄准目标 C,读取水平度盘的读数 $c_2(267°24'36'')$,记录。

(2)松开制动螺旋,逆时针转动照准部,瞄准目标 A,读取水平度盘读数 $a_2(180°01'12'')$,记录。

以上两步称为下半测回,测得水平角值为

$$\beta_{右}=c_2-a_2 \tag{4-2}$$

上、下半测回组成一测回。当两个半测回角值之差不超过规定值时，取盘左、盘右所得角值的算术平均值作为该角的一测回角值，即

$$\beta=\frac{\beta_左+\beta_右}{2} \tag{4-3}$$

当测角精度要求较高时，需要观测 n 个测回，为减小度盘刻划不均匀造成的误差，在每个测回观测之后，将度盘读数改变 $\frac{180°}{n}$，再进行下一测回。如需观测 3 个测回，$n=3$，则每个测回第一个方向之差为 $180°/3=60°$，即三个测回的起始方向读数应依次配置在 0°00′、60°00′、120°00′或稍大读数处。

表 4-3　测回法水平角观测手簿

测站	盘位	目标	水平度盘读数	半测回角值	平均角值
O	左	A	0°01′06″	87°23′12″	87°23′18″
		C	87°24′18″		
	右	A	180°01′12″	87°23′24″	
		C	267°24′36″		

3. 限差要求

测回法的限差规定：一是两个半测回角值较差；二是各测回角值较差。对于精度要求不同的水平角，有不同的规定限差。用 J2 型光学经纬仪进行图根水平角观测时，第一项限差为±40″，第二项限差为±24″。

三、方向观测法观测水平角

当一个测站有三个或三个以上的观测方向时，采用方向观测法进行水平角观测。方向观测法是以所选定的起始方向(零方向)开始，依次观测各方向相对于起始方向的水平角值，也称方向值。两任意方向值之差，就是这两个方向之间的水平角值。如图 4-6 所示，有 3 个观测方向，现采用方向观测法进行观测。

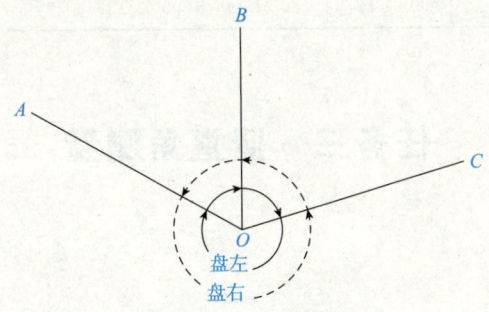

图 4-6　方向观测法

1. 观测步骤

(1)上半测回。选择一明显目标 A 作为起始方向(零方向)，用盘左瞄准 A，配置度盘，顺时针依次观测 A、B、C、A。

(2)下半测回。倒镜成盘右，逆时针依次观测 A、C、B、A。

上下半测回合称为一个测回。这种观测方法就叫作方向观测法(或全圆观测法)。

为了提高测角精度，有时需要观测 n 个测回，各测回的观测方法相同。为减小度盘刻划不均匀造成的误差，在每个测回观测之后，将度盘读数改变 $\dfrac{180°}{n}$，再进行下一测回。如需观测 2 个测回，n=2，则每个测回第一个方向之差为 180°/2＝90°，即三个测回的起始方向读数应依次配置在 0°00′、90°00′或稍大读数处。

2. 计算方法与步骤

(1)半测回归零差的计算。每半测回零方向有两个读数，它们的差值称为归零差。表 4-4 中第一测回上下半测回归零差分别为盘左 12″－06″＝+06″，盘右 14″－24″＝－10″。

(2)计算一个测回各方向的平均读数：平均值＝[盘左读数＋(盘右读数±180°)]/2。例如：B 方向平均读数＝1/2×[69°20′30″＋(249°20′24″－180°)]＝69°20′27″，填入表 4-4 第 6 栏。

(3)计算起始方向值：表 4-4 第 7 栏两个 A 方向的平均值 1/2(00°01′15″＋00°01′13″)＝00°00′14″，填写在第 8 栏。

(4)计算归零后方向值：将各方向平均值分别减去零方向平均值，即得各方向归零方向值。注意：零方向观测两次，应将平均值再取平均。

例如：B 方向归零向值＝69°20′27″－00°01′14″＝69°19′13″。

表 4-4　水平角观测记录(方向观测法)

测站	测回数	目标	水平度盘读数 盘左	水平度盘读数 盘右	平均读数	方向值	归零方向值	角值
1	2	3	4	5	6	7	8	9
M	1	A	00°01′06″	180°01′24″	00°01′15″	00°01′14″	00°00′00″	69°19′13″
		B	69°20′30″	249°20′24″	69°20′27″		69°19′13″	55°31′00″
		C	124°51′24″	304°51′30″	124°51′27″		124°50′13″	
		A	00°01′12″	180°01′14″	00°01′13″			

任务三　竖直角测量

任务部署

竖直角测量是观测同一竖直面内一点到目标的方向线与水平线之间的夹角。

任务目标

1. 掌握竖直度盘的构造。

2. 掌握竖盘指标差的概念和计算方法。
3. 掌握竖直角的测量方法、计算及检核。
4. 掌握角度测量的误差分析方法。

任务分组

班级		组号		指导教师	
组长		学号			
组员	姓名		学号	姓名	学号
任务分工					

获取资讯

引导问题1　什么是竖直角？其取值范围是多少？
引导问题2　竖直角测量的原理是什么？对测量仪器有何要求？
引导问题3　竖直角的观测方法和步骤是什么？
引导问题4　竖直角观测的数据记录、计算与检核方法是什么？

任务计划与决策

每个学生提出自己的计划和方案，经小组讨论比较，得出统一测量方案，教师审查每个小组的测量方案、工作计划并提出整改建议；各小组进一步优化方案，确定最终的测量工作方案。

任务实施

1. 准备DJ6级经纬仪、三脚架、花杆等。
2. 熟练操作经纬仪。
3. 掌握使用经纬仪进行竖直角观测的方法。
4. 掌握竖直角观测数据的记录和计算方法。

评价反馈

完成任务后，学生自评，完成表4-5。

表 4-5　学生自评表

班级：　　　姓名：　　　学号：

任务	竖直角测量		
评价内容	评价标准	分值	得分
经纬仪的使用	熟练操作水准仪	20	
竖直角观测	正确使用经纬仪进行竖直角观测	40	
数据记录、计算与检核	正确记录测量数据，进行竖直角的计算和检核	40	

项目相关知识点

一、竖盘构造

经纬仪的竖盘安装在望远镜旋转轴（横轴）的一端，与望远镜固结在一起。竖盘刻划中心与横轴旋转中心重合。当经纬仪安置在测站上，水平度盘已整平，竖盘处于竖直状态。当望远镜在竖直面内上下仰俯转动时，竖盘随之转动。作为竖盘读数用的读数指标与指标水准管固连，不随望远镜转动。当指标水准管气泡居中时，指标应在正确位置。

竖直度盘有全圆顺时针注记和全圆逆时针注记两种形式（图 4-7）。当视线水平时，竖盘读数盘左时为 90°，盘右时为 270°。

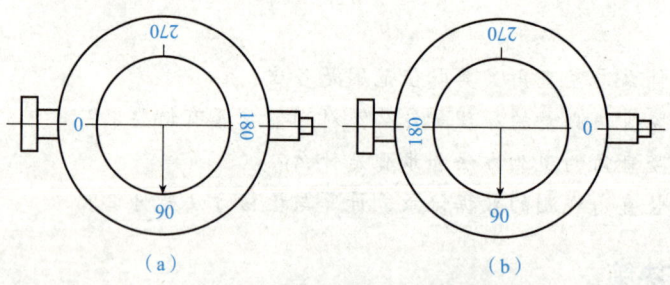

图 4-7　竖直度盘的注记形式
(a)全圆逆时针注记；(b)全圆顺时针注记

二、竖直角测量

由竖直角定义已知，它是倾斜视线与在同一铅垂面内的水平视线所夹的角度。因为水平视线的读数是固定的，所以只要读出倾斜视线的竖直角读数，即可计算求得竖直角值。为了消除仪器误差的影响，采用盘左、盘右观测。具体观测步骤如下。

(1)在测站上安置仪器，对中，整平。

(2)确定竖直角计算公式：使仪器处于盘左状态，然后慢慢抬高望远镜的物镜，若竖盘读数逐渐增大，说明竖盘是逆时针注记，反之，是顺时针注记。

逆时针注记时计算公式：

盘左

$$\alpha_L = L - 90° \qquad (4\text{-}4)$$

盘右

$$\alpha_R = 270° - R \tag{4-5}$$

竖盘顺时针注记计算公式：

盘左

$$\alpha_L = 90° - L \tag{4-6}$$

盘右

$$\alpha_R = R - 270° \tag{4-7}$$

(3) 以盘左照准目标，然后读取竖盘读数 L 并记录，这称为上半测回。

(4) 将望远镜倒转，以盘右用同样方法照准同一目标，读取竖盘读数 R 并记录，这称为下半测回。

(5) 按照确定的计算公式，计算上下半测回竖直角值，取平均值，作为一测回竖直角值。竖直角观测记录见表 4-6。

表 4-6 竖直角观测记录

测站	目标	盘位	竖盘读数	半测回竖直角	指标差	一个测回竖直角	备注
O	M	左	76°45′12″	13°14′48″	−6	13°14′42″	竖直度盘是顺时针注记的
		右	283°14′36″	13°14′36″			
	N	左	122°03′36″	−32°03′36″	12	−32°03′24″	
		右	237°56′48″	−32°03′12″			

(6) 检核及成果计算。

上述竖直角的公式是认为竖盘指标处于正确位置时得出的，是一种理想状态。但在实际中是无法实现的。竖盘指标与 90°或 270°相差一个 i 角，这个 i 角称为竖盘指标差。指标差对于同一台仪器，在同一段时间内应该是常数，但由于在观测中不可避免地有误差，各方向或各测回所计算的指标差可能互不相同。指标差可以采用正倒镜观测消除其影响，因此其本身大小无关紧要，但为计算方便，当指标差过大时，应进行校正。在竖直角测量中，指标差常用来检验观测的质量，在相关测量规范中，对指标差的较差应不超过规定值。J6 经纬仪观测竖直角，指标差较差不得超过 25″；J2 经纬仪观测竖直角，指标差较差不得超过 15″。若不超过限差，取两个半测回的平均值作为竖直角值。

$$x = \frac{\alpha_L - \alpha_R}{2} = \frac{1}{2}(L + R - 360°)$$

此外，在进行多测回观测时，竖直角各测回较差，一般也不允许超过 ±25″。

三、角度测量误差分析

1. 仪器误差

(1) 照准部偏心误差。照准部偏心误差是照准部旋转中心与度盘分划中心不重合造成的，可采取盘左、盘右取平均值消除。

(2) 度盘刻划误差。度盘刻划误差是度盘制造时刻划不标准产生的，每一测回变换度盘初始位置可消除。

(3)视准误差。视准误差是视准轴不垂直于横轴时产生的误差,可采取盘左、盘右取平均值消除。

(4)横轴误差。横轴误差是横轴与竖轴不垂直时产生的,可采取盘左、盘右取平均值消除。

(5)竖轴误差。竖轴误差是竖轴不铅垂时产生的,不能用盘左盘右取均值消除,只能尽可能精确精平。

2. 观测误差

(1)仪器对中误差。仪器对中误差是仪器中心与测站点不在同一铅垂线上产生的,只能通过精确对中来减弱。

(2)目标偏心误差。目标偏心误差是觇标中心偏离目标的标志中心产生的,只能通过目标棱镜精确对中来减弱。

(3)照准误差。照准误差是未精确瞄准目标的几何中心产生的,选择较好的观测环境,尽可能地瞄准目标的几何中心。

(4)视差和十字丝不清晰的影响。目标成像不在十字丝板上引起的误差,观测时通过认真调焦可减弱。

任务四　三角高程测量

任务部署

用水准测量的方法测定水准点的高程,精度较高,但在地形起伏变化较大的山区和丘陵地区,使用该法十分困难。此时,可以通过观测竖直角进行三角高程测量。

任务目标

1. 掌握三角高程测量的原理。
2. 掌握三角高程测量的方法。

任务分组

班级		组号		指导教师	
组长		学号			
组员	姓名		学号	姓名	学号

续表

任务分工	

获取资讯

引导问题1　高程测量的方法有哪些？
引导问题2　三角高程测量的原理是什么？

任务计划与决策

每个学生提出自己的计划和方案，经小组讨论比较，得出统一测量方案，教师审查每个小组的测量方案、工作计划并提出整改建议；各小组进一步优化方案，确定最终的测量工作方案。

任务实施

1. 准备 DJ6 级经纬仪、三脚架、花杆等。
2. 熟练操作经纬仪。
3. 掌握使用经纬仪进行三角高程测量。

评价反馈

完成任务后，学生自评，完成表4-7。

表 4-7　学生自评表

班级：　　　　姓名：　　　　学号：

任务四	三角高程测量		
评价内容	评价标准	分值	得分
经纬仪的使用	熟练操作水准仪	20	
竖直角观测	正确使用经纬仪进行竖直角观测	40	
三角高程数据记录、计算与检核	正确记录测量数据，进行三角高程的计算和检核	40	

项目相关知识点

一、三角高程测量原理

三角高程测量是根据测站点与待测点两点间的水平距离和测站点向目标点所观测的竖直

角，通过三角学的公式来计算两点间的高差。如图 4-8 所示，已知 A 点的高程为 H_A，要求测 A、B 两点间高差 h，计算 B 点的高程 H_B。在 A 点上安置经纬仪或全站仪，在 B 点竖立标尺或棱镜，量取仪器高 i、标尺高（棱镜高）l，测出竖直角 $α$，根据 A、B 两点的水平距离 D，按照式（4-8）可算出 A、B 两点间的高差：

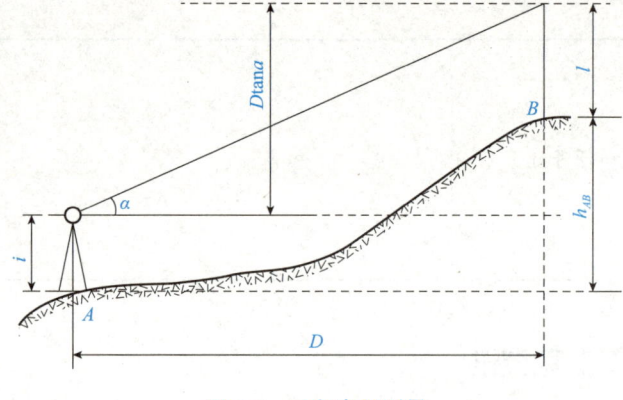

图 4-8　三角高程测量

$$h_{AB} = D\tan α + i - l \quad (4-8)$$

三角高程测量的主要技术要求见表 4-8。

表 4-8　三角高程测量技术要求

等级	仪器	测回数 三丝法	测回数 中丝法	指标差较差/(″)	竖直角较差/(″)	对向观测高差较差/mm	附合或环线闭合差/mm
四等	DJ2	—	3	≤7	≤7	$40\sqrt{D}$	$20\sqrt{\sum D}$
五等	DJ2	1	2	≤10	≤10	$60\sqrt{D}$	$30\sqrt{\sum D}$
图根	DJ6	—	1	—	—	$400\sqrt{D}$	$40\sqrt{\sum D}$

二、三角高程测量的观测

三角高程测量根据采用的仪器不同而分为光电测距三角高程测量与经纬仪三角高程测量。三角高程测量一般分为两级，即四等和五等三角高程测量，它们可作为测区的首级控制。

下面就光电测距三角高程测量的观测与计算步骤进行叙述。

(1)安置仪器与测站，测量仪器高 i 和棱镜高度 l，读数至 mm。

(2)用仪器采用测回法观测竖直角 1～3 个测回，前后半测回之间的较差及指标差如果符合表 4-8 的要求，则取其平均值作为最后的结果。

(3)三角高程测量的往测或返测高差按公式计算。由对向观测所求得往、返测高差（经球气差改正），较差如果符合表 4-8 的要求，则取其平均值作为最后的结果。

如果采用全站仪进行三角高程测量，可先将球气差改正数参数及其他参数输入仪器，然后直接测定测点高程。

测回法水平角观测

角度测量原理和仪器使用

项目五

小区域控制测量

任务描述

本项目主要讲解平面控制测量相关知识及测量和计算方法,主要包括平面控制网、导线的基本知识;控制测量的外业工作;控制测量的内业工作等。

学习目标

通过本项目的学习,学生应该能够:
1. 掌握国家控制网基本知识。
2. 掌握导线的布置形式和特点。
3. 会使用全站仪进行导线测量的外业。
4. 会对导线测量的成果进行计算和整理。

任务一 导线测量的外业工作

任务部署

采用导线测量方法建立平面控制网,掌握导线外业测量方法。

任务目标

1. 掌握导线测量相关知识。
2. 掌握导线外业测量方法。

任务分组

班级		组号		指导教师	
组长		学号			

组员	姓名	学号	姓名	学号

任务分工	

获取资讯

引导问题1 我国国家控制网有哪几种？如何分级？
引导问题2 导线的布置形式有哪些？各自有何特点？
引导问题3 导线测量的外业工作有哪些？
引导问题4 如何利用全站仪进行导线测量？

任务计划与决策

每个学生提出自己的计划和方案，经小组讨论比较，得出统一测量方案，教师审查每个小组的测量方案、工作计划并提出整改建议；各小组进一步优化方案，确定最终的测量工作方案。

任务实施

1. 准备全站仪、三脚架、花杆、棱镜等。
2. 掌握全站仪导线的布设、施测和记录方法。
3. 往、返丈量导线边长，其较差的相对误差不得超过 1/3 000，角度闭合差不得超过 $\pm 60''\sqrt{n}$，导线全长相对闭合差不得超过 1/2 000。

评价反馈

完成任务后,学生自评,完成表 5-1。

表 5-1 学生自评表

班级: 姓名: 学号:

任务一	导线测量的外业工作		
评价内容	评价标准	分值	得分
全站仪的使用	熟练操作全站仪进行角度测量和距离测量	20	
导线测量的选点、测角和量边	能熟练进行导线测量的选点,并进行水平角测量和距离测量	50	
导线测量成果记录与检核	能正确读数并记录,进行相关计算检核	30	

项目相关知识点

一、平面控制网

为了统一全国各地区的测量工作,由国家测绘机构在全国范围内建立了国家控制网。国家控制网分为国家平面控制网和国家高程控制网。建立国家平面控制网的常规方法是三角测量和导线测量。

三角测量是在地面上选择一系列平面控制点,组成许多相互连接的三角形,构成的网状称为三角网,构成锁状的称为三角锁。在这些控制点上用精密的仪器进行观测,经过严密计算,求出各点的平面坐标,这种测量工作称为三角测量。用三角测量方法确定的平面控制点,称为三角点。

导线测量是在地面上选择一系列的控制点,将其依次连成折线,称为导线。导线构成的网状称为导线网。测出导线中各折线边的边长和转折角,然后计算出各控制点的坐标,这种工作称为导线测量。用导线测量的方法确定的平面控制点,称为导线点。

二、导线测量一般知识

导线测量就是依次测定各导线边的长度和各转折角值;再根据起算数据,推算各边的坐标方位角,从而求出各导线点的坐标。

导线测量是建立小地区平面控制网的主要方法,特别适用于地物分布比较复杂的城市建筑区、远视较困难的隐蔽地区、带状地区及地下工程等控制点的测量。

根据测区的情况和要求,导线可以布设为以下三种形式:

(1)闭合导线。如图 5-1 所示,从已知高级控制点和已知方向出发,经过导线点 1、2、3、4、5 后,回到 1 点,组成一个闭合多边形,称为闭合导线。闭合导线的优点是图形本身有着严密的几何条件,具有校核成果作用。闭合导线可以和高级控制点连接,获得起算数据,也可以独立布设。

(2)附合导线。如图 5-2 所示,从已知高级控制点 B 和已知方向 AB 出发,经过导线点

1、2、3，最后附合到另一个高级控制点 C 和已知方向 CD 上，构成一折线的导线，称为附合导线。附合导线的优点也是可以检核观测成果，常用于带状地区的控制。

（3）支导线。如图 5-3 所示，从已知高级控制点 B 和已知方向 AB 出发，既不闭合原已知点，也不附合另一已知点的导线称为支导线。支导线没有检核，因此支导线的点数不宜超过 2 个。

用导线测量方法建立小地区平面控制网，在公路工程中，导线按精度由高到低的顺序分别是二等导线、三等导线、四等导线、一级导线、二级导线，见表 5-2。它们可作为国家四等控制点或国家 E 级 GPS 点的加密，也可作为独立地区的首级控制。

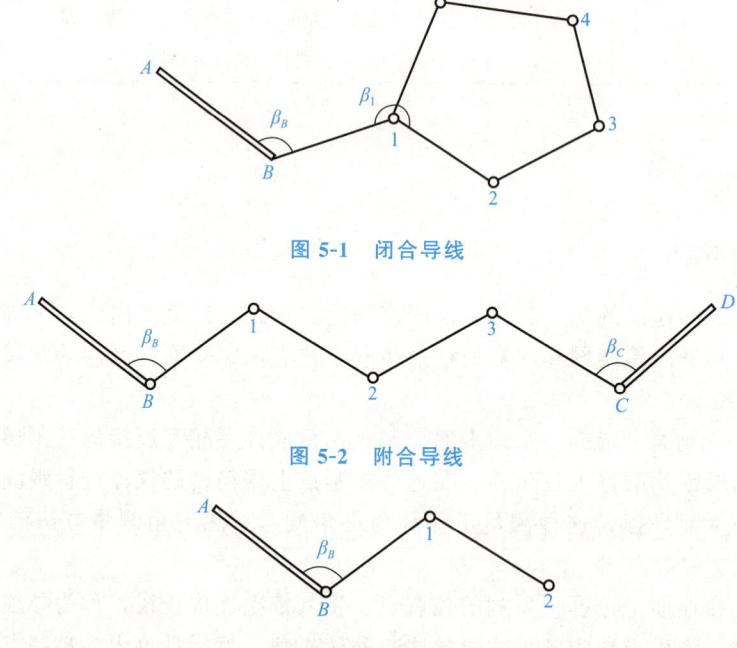

图 5-1　闭合导线

图 5-2　附合导线

图 5-3　支导线

表 5-2　公路工程平面控制测量等级选用

高架桥、路线控制测量	多跨桥梁总长 L/m	单跨桥梁长度 L_K/m	隧道贯通长度 L_G/m	测量等级
—	$L \geqslant 3\ 000$	$L_K \geqslant 500$	$L_G \geqslant 6\ 000$	二等
—	$2\ 000 \leqslant L < 3\ 000$	$300 \leqslant L_K < 300$	$3\ 000 \leqslant L_G < 6\ 000$	三等
高架桥	$2\ 000 \leqslant L < 3\ 000$	$300 \leqslant L_K < 300$	$1\ 000 \leqslant L_G < 3\ 000$	四等
高速、一级公路	$L < 1\ 000$	$L_K < 150$	$L_G < 1\ 000$	一级
二、三、四级公路	—	—	—	二级

导线测量按测边的方法又分为钢尺量距导线、视距导线和光电测距导线等。各级导线的主要技术要求见表 5-3。

表 5-3 导线测量主要技术要求

等级	附(闭)合导线长度/km	平均边长/km	边数	每边测距中误差/mm	单位权中误差/(″)	导线全长相对闭合差	方位角闭合差/(″)
三等	≤18	2.0	≤9	≤±14	≤±1.8	≤1/52 000	≤$3.6\sqrt{n}$
四等	≤12	1.0	≤12	≤±10	≤±2.5	≤1/35 000	≤$5.0\sqrt{n}$
一级	≤16	0.5	≤12	≤±14	≤±5.0	≤1/17 000	≤$10\sqrt{n}$
二级	≤3.6	0.3	≤12	≤±11	≤±8.0	≤1/11 000	≤$16\sqrt{n}$

三、导线测量外业工作

导线测量的外业工作包括踏勘选点及建立标志、量边、测角和连测。

1. 踏勘选点及建立标志

踏勘选点前，应首先收集测区原有地形图和已有高级控制点的坐标和高程，将控制点绘在原有地形图上，在图上规划导线的布设方案，最后到实地选定各点点位并建立标志。如果测区没有地形图资料，则需详细踏勘现场，根据已知控制点的分布、测区地形条件及测量和施工需要等具体情况，合理地选定导线点的位置。

导线的选点原则是：既要便于导线本身的测量，又要便于测图和施工，并保证满足各项技术要求。为此选点时应注意下列几点：

(1) 相邻导线点间通视良好，以便于测角和测距。如果采用钢尺量距，则沿线地势应平坦，没有影响丈量的障碍物。

(2) 点位应选在土质坚实处，以便于保存标志和安置仪器。

(3) 视线开阔，便于施测碎部或放样。

(4) 导线边长应按表 5-3 的规定，最长不超过平均边长的两倍。相邻边长尽量不使长短相差悬殊，一般相邻边长之比不宜超过 1∶3。

(5) 导线点应有足够的密度，分布要均匀，以便控制整个测区。

导线点位置选定后，应在点位上埋设标志。对于一般的图根点，可在点位上打一木桩，桩的周围浇上混凝土，桩顶钉一小钉或桩顶刻"十"字，作为临时性标志，如图 5-4(a)所示。若导线点需要长期保存，则要埋设混凝土桩或石桩，桩顶刻"十"字或嵌入"十"字形的钢筋，作为永久性标志，如图 5-4(b)所示。

导线点设立之后，应统一编号。为了便于寻找，应量出导线点与附近明显地物间的距离，绘出导线点点位略图，注明尺寸。

2. 量边

导线边长如用全站仪测水平距离，测距中误差应满足表 5-3 的要求。

3. 测角

导线的转折角分为左角和右角，在前进方向左侧的角称为左角，右侧的角称为右角。附合导线统一观测同一侧的转折角(左角或右角)。闭合导线一般是观测多边形的内角，当导线点按逆时针方向编号时，闭合导线的内角即为左角；顺时针方向编号时，则为右角。

导线等级不同，测角技术要求也不同，技术要求参照表 5-3。例如，二级导线的测角中误差不超过 8″时，取其平均值作为观测值。

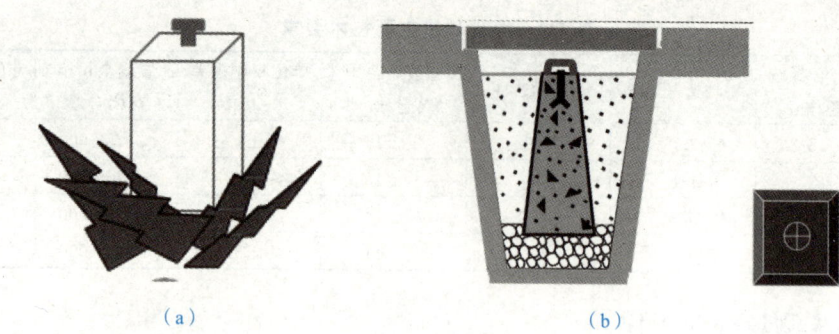

图 5-4　导线点标志
(a)临时标志；(b)永久标志

4. 联测

导线与高级控制点进行联系，以取得坐标和方位角的起算数据，称为联系测量，简称联测。

如图 5-1 所示，A、B 为已知点，1～5 为新布设的导线点，则联系测量为观测连接角 $β_B$ 和 $β_1$，以及连接边 D_{B1}，作为传递坐标方位角和坐标之用。

当测区附近无高级控制点时，可用罗盘仪测定导线起始边的磁方位角，并假定起始点坐标作为起算数据。

任务二　导线测量的内业工作

任务部署

对导线测量外业测得的数据进行整理和计算，得到各导线点的平面坐标。

任务目标

1. 掌握闭合导线、附合导线和支导线的内业计算方法。
2. 能将各项计算数据正确填写在计算表格中。

任务分组

班级		组号		指导教师	
组长		学号			
组员	姓名		学号	姓名	学号

续表

任务分工	

获取资讯

引导问题 1　坐标计算原理是什么？
引导问题 2　方位角的推算方法有哪些？
引导问题 3　多边形内角和如何计算？
引导问题 4　测回法观测水平角数据记录、计算与检核方法是什么？
引导问题 5　方向观测法观测水平角的方法和步骤是什么？如何进行数据记录与计算检核？

任务计划与决策

每个学生提出自己的计划和方案，经小组讨论比较，得出统一测量方案，教师审查每个小组的测量方案、工作计划并提出整改建议；各小组进一步优化方案，确定最终的测量工作方案。

任务实施

1. 准备导线测量内业计算表、纸、笔、计算器等。
2. 整理导线外业测量的成果，将相关数据填入导线测量内业计算表相应位置。
3. 对测量成果进行角度改正数、坐标方位角、坐标增量、坐标增量改正数的计算，并得出导线点的坐标值。

评价反馈

完成任务后，学生自评，完成表 5-4。

表 5-4　学生自评表

班级：　　　姓名：　　　学号：

任务二	寻找测量的内业工作		
评价内容	评价标准	分值	得分
测量成果的整理与记录	将导线外业测量的成果填入内业计算表相应位置	30	
成果计算与检核	正确计算角度改正数、坐标方位角、坐标增量、坐标增量改正数，并得出导线点的坐标值	70	

项目相关知识点

导线测量内业计算的目的是计算各导线点的平面坐标。在计算之前，应全面检查外业观测记录成果，符合要求后，在导线略图上注明已知数据及实测的边长、转折角、连接角等观测数据，然后进行导线坐标计算。

导线测量内业计算应在规定的表格中进行，计算时，图根导线的角度值及方位角值通常取至秒；边长及坐标值通常取至毫米。

导线坐标计算的一般步骤为：将已知数据及观测边长、角度填入导线坐标计算表；角度闭合差的计算与调整；导线边方位角的推算；坐标增量的计算；坐标增量闭合差的计算与调整；导线点坐标计算。

下面分别以闭合导线和附合导线的坐标计算为例，说明导线内业计算步骤。

一、闭合导线坐标计算

(1)将已知数据及观测边长、角度填入导线坐标计算表。闭合导线坐标计算是按一定的次序在表 5-5 中进行，也可用计算程序在计算机上进行。计算前应将角度、起始边方位角、边长和起算点坐标分别填入表 5-5 中(2)、(5)、(6)、(11)、(12)单元格，还应绘制导线略图。

(2)角度闭合差的计算与调整。闭合导线组成一个闭合多边形并观测了多边形的各个内角，应满足内角和理论值，即

$$\sum \beta_{理} = (n-2) \times 180° \tag{5-1}$$

角度观测值中不可避免地含有误差，使得实测内角和 $\sum \beta_{测}$ 往往与理论值 $\sum \beta_{理}$ 不等，其差值 f_β 称为角度闭合差，即

$$f_\beta = \sum \beta_{测} - \sum \beta_{理} = \sum \beta_{测} - (n-2) \times 180° \tag{5-2}$$

一般图根导线角度闭合差的容许值 $f_{\beta容}$ 为

$$f_{\beta容} = \pm 40'' \sqrt{n} \tag{5-3}$$

式中，n 为导线折角个数。

如果 f_β 不超过 $f_{\beta容}$，则可进行角度闭合差的分配；反之，应分析情况后进行重测。

分配原则是：将闭合差按相反符号平均分配给各观测角，若有余数，应遵循短边相邻角多分的原则，然后求出改正后的角值。求出改正后的角值后，再计算改正角的总和，其值应与理论值相等，作为计算检核。

各角改正数 v_β 可用下式计算：

$$v_\beta = -\frac{f_\beta}{n} \tag{5-4}$$

表 5-5 所示，分配的改正数写在(3)栏，改正后的角值填入(4)栏。

(3)推算各导线边的坐标方位角。根据起始的坐标方位角和改正后的转折角，可按坐标方位角的推算公式依次推算后一条边的坐标方位角，填入表 5-5 中(5)栏。

$$\alpha_{前} = \alpha_{后} \pm \beta \mp 180° \tag{5-5}$$

方位角推算时应注意左、右角的推算是采用不同的公式，若 β 角为左角，则应该取"$+\beta-180°$"；若 β 角为右角，则应该取"$-\beta+180°$"。推算出的方位角如大于 360°，则要减去 360°；如出现负值，则应加上 360°。各边的方位角推算完成后，必须推算回起始边的坐标方位角，看是否与已知值相等，以此作为计算校核。

表 5-5 闭合导线计算表

点号	观测角(左角) /(° ′ ″)	改正数 /(″)	改正角 /(° ′ ″)	坐标方位角 /(° ′ ″)	距离/m	坐标增量 Δx/m	坐标增量 Δy/m	改正后的坐标增量 $\Delta x'$/m	改正后的坐标增量 $\Delta y'$/m	坐标值 x'/m	坐标值 y'/m
1	2	3	4	5	6	7	8	9	10	11	12
1										506.321	215.652
				125 30 00	105.22	−2 −61.10	+2 +85.66	−61.12	+85.68		
2	107 48 30	+13	107 48 43							445.20	301.33
				53 18 43	80.18	−2 +47.90	+2 +64.30	−47.88	+64.32		
3	73 00 20	+12	73 00 32							493.08	365.64
				306 19 15	129.34	−2 +76.61	+2 +102.21	+76.58	−104.19		
4	89 33 50	+12	89 34 02							569.66	261.46
				215 53 17	78.16	−2 −63.32	+1 +45.82	−63.34	+45.81		
1	89 36 30	+13	89 36 43							506.321	215.652
				125 30 00							
2											
总和	359 59 10	+50			392.90	+0.09	−0.07	0.00	0.00		

辅助计算：

$\sum \beta_{测} = 359°59'10''$

$\sum \beta_{理} = 360°$

$f_\beta = \sum \beta_{测} - \sum \beta_{理} = -50''$

$f_{\beta 允} = \pm 60'' \sqrt{n} = \pm 120''$

$f_x = \sum \Delta x_{测} = 0.09$ m

$f_y = \sum \Delta y_{测} = 0.07$ m

导线全长闭合差 $f = \sqrt{f_x^2 + f_y^2} = 0.11$ m

导线相对闭合差 $K = \dfrac{1}{\sum D/f} \approx \dfrac{1}{3\,500}$

允许相对闭合差 $K_允 \leqslant 1/2\,000$

成果图

$\alpha_{12} = 125°30'00''$
$x_1 = 506.321$ m
$y_1 = 215.652$ m

(4) 计算各边的坐标增量。根据各边的坐标方位角 α 和边长 D，计算各边的坐标增量，将计算结果填入表 5-5 中(7)、(8)栏。

(5) 坐标增量闭合差的计算与调整。如图 5-5 所示，导线边的坐标增量可以看成在坐标上的投影线段。如果测量的各导线边的边长和坐标方位角中不含误差，则闭合导线应该是封闭的多边形，其纵、横坐标增量的代数和在理论上应该等于零，即

$$\sum \Delta x_{理} = 0, \quad \sum \Delta y_{理} = 0 \tag{5-6}$$

实际上，导线边长的测量误差和方位角的残余误差，使得导线不能闭合，其计算所得 $\sum \Delta x_{测}$ 和 $\sum \Delta y_{测}$ 不等于零，从而产生纵坐标增量闭合差 f_x 和横坐标增量闭合差 f_y，即

$$f_x = \sum \Delta x_{测} - \sum \Delta x_{理} = \sum \Delta x_{测} \tag{5-7}$$

$$f_y = \sum \Delta y_{测} - \sum \Delta y_{理} = \sum \Delta y_{测} \tag{5-8}$$

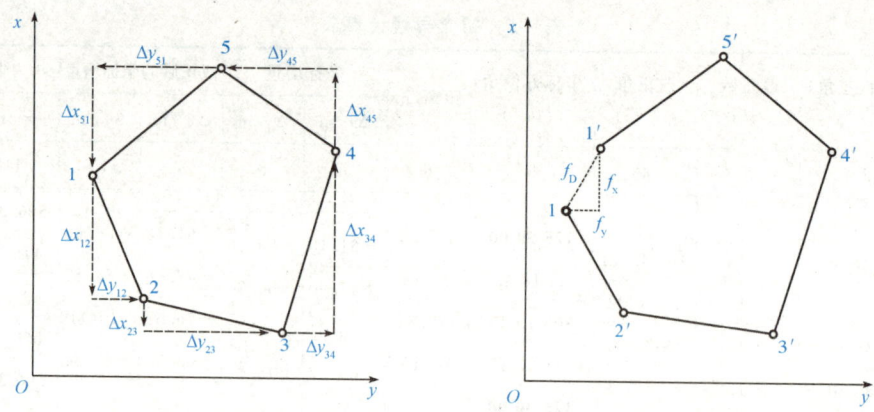

图 5-5 闭合导线坐标增量闭合差

因此，闭合导线的坐标增量闭合差的计算式为：

$$f_x = \sum \Delta_{x测}$$
$$f_y = \sum \Delta_{y测}$$
(5-9)

闭合导线全长闭合差 f_D 为以 f_x 和 f_y 为直角边的误差三角形的斜边儿，即

$$f_D = \sqrt{f_x^2 + f_y^2}$$
(5-10)

衡量导线精度的指标采用导线全长相对闭合差 K，即

$$K = \frac{f_D}{\sum D} = \frac{1}{\sum D / f_D}$$
(5-11)

若 $K \leqslant K_容$，则表明导线的精度符合要求，否则应查明原因进行补测或重测。导线全长相对闭合差 K 值的容许值见表 5-6。

表 5-6 附合导线具体算例

等级	导线长度/km	平均边长/km	测角中误差/(″)	测距中误差/mm	方位角闭合差/(″)	导线全长相对闭合差
三等	15	3	±1.5	±18	$±3\sqrt{n}$	≤1/60 000
四等	10	1.6	±2.5	±18	$±5\sqrt{n}$	≤1/40 000
一级	3.6	0.3	±5.0	±18	$±10\sqrt{n}$	≤1/14 000
二级	2.4	0.2	±8.0	±15	$±16\sqrt{n}$	≤1/6 000
三级	1.5	0.12	±12.0	±15	$±24\sqrt{n}$	≤1/6 000
图根	≤1.0M	—	±30.0	—	$±60\sqrt{n}$	≤1/2 000

注：n 为测站数，M 为测图比例尺分母。

如果导线的精度符合要求，即可对增量闭合差进行调整，使改正后的坐标增量满足理论上的要求。因为是等精度观测，所以增量闭合差的调整原则是将它们以相反的符号按与边长成正比例分配到各边的坐标增量中，设 $v_{\Delta xi}$、$v_{\Delta yi}$ 分别为纵、横坐标增量的改正数，即

$$v_{\Delta xi} = -\frac{f_x}{\sum D} \times D_i$$
$$v_{\Delta yi} = -\frac{f_y}{\sum D} \times D_i$$
(5-12)

分配的改正数应满足：
$$\sum v_{\Delta xi} = -f_x$$
$$\sum v_{\Delta yi} = -f_y \tag{5-13}$$

则改正后的坐标增量应为
$$\Delta x_{i改} = \Delta x_i + v_{\Delta xi}$$
$$\Delta y_{i改} = \Delta y_i + v_{\Delta yi} \tag{5-14}$$

(6)坐标计算。根据改正后的坐标增量，依次计算各点的坐标，填入表 5-5 中(11)、(12)栏。为了检查坐标计算中的差错，最后一定要推算回到起算点的坐标，看是否和已知值相等，以此作为计算校核。

二、附合导线坐标计算

附合导线的坐标计算与闭合导线的坐标计算基本相同，但因为附合导线两端与已知点相连，所以在计算角度闭合差和坐标增量闭合差上有所不同。下面着重介绍不同点。

(1)角度闭合差的计算与调整。附合导线并不构成闭合多边形，但也存在有角度闭合差。其角度闭合差是根据导线两端已知边的坐标方位角及导线转折角来计算的。图 5-6(a)所示为观测左角，图 5-6(b)所示为观测右角，高级点 A、B、C、D 的坐标已知，按坐标反算公式可计算得起始边与终止边的坐标方位角 α_{AB} 和 α_{CD}。理论上由起始边方位角 α_{AB} 经各转折角推算的终边方位角 α'_{CD}，应与已知值 α_{CD} 相等，但由于测角有误差，推算的 α'_{CD} 和 α_{CD} 不相等，其差值即为附合导线角度闭合差 f_β。

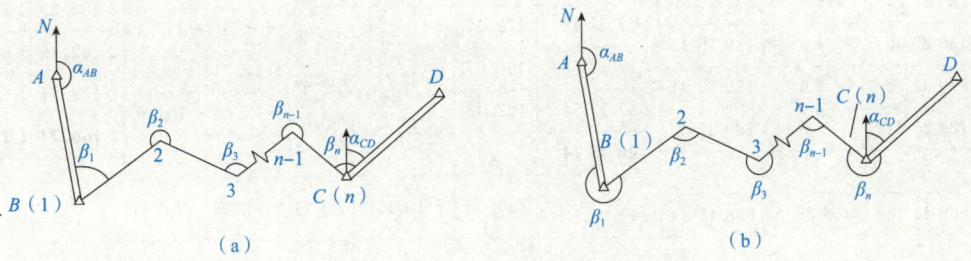

图 5-6 附合导线角度闭合差的计算
(a)观测角为左角；(b)观测角为右角

角度闭合差 f_β 中 $\sum \beta_{理}$ 的计算，已知始边和终边方位角 $\alpha_{A'A}$、$\alpha_{BB'}$，根据方位角计算公式，导线各转折角(左角)β 的理论值应满足下列关系式。
$$\alpha_{A2} = \alpha_{A'A} - 180° + \beta_1 \tag{5-15}$$
$$\alpha_{23} = \alpha_{12} - 180° + \beta_2 \tag{5-16}$$

将上列式取和：
$$\alpha'_B = \alpha_{A'A} - 5 \times 108° + \sum \beta$$

式中，$\sum \beta$ 即为各转折角(包括连接角)理论值的总和。写成一般式，则
$$\sum \beta_{理}^{左} = \alpha_{终} - \alpha_{始} + n \times 180° \tag{5-17}$$

同理，为右角时：
$$\sum \beta_{理}^{右} = \alpha_{始} - \alpha_{终} + n \times 180° \tag{5-18}$$

(2)坐标增量闭合差的计算与调整。附合导线的纵、横坐标增量的总和,在理论上应等于终点与起点的坐标差值。即

$$\sum \Delta x_理 = x_终 - x_始 \quad (5-19)$$
$$\sum \Delta y_理 = y_终 - y_始 \quad (5-20)$$

测量中存在误差,因此根据测量数据算出来的坐标增量总和$\sum \Delta x_测$与$\sum \Delta y_测$一般与理论值不相等,其差值即为坐标增量闭合差。即

$$f_x = \sum \Delta x_测 - \sum \Delta x_理 \quad (5-21)$$
$$f_y = \sum \Delta y_测 - \sum \Delta y_理 \quad (5-22)$$

附合导线的坐标方位角推算、坐标增量的计算、导线全长相对闭合差的计算、坐标增量闭合差的调整、坐标计算都与闭合导线一致,在此不多述。

附合导线的实例计算见表5-7。

表5-7 附合导线具体算例

点号	观测角(左角)/(° ′ ″)	改正数/(″)	改正角/(° ′ ″)	坐标方位角/(° ′ ″)	距离/m	坐标增量 Δx/m	坐标增量 Δy/m	改正后的坐标增量 Δx′/m	改正后的坐标增量 Δy′/m	坐标值 x′/m	坐标值 y′/m
1	2	3	4	5	6	7	8	9	10	11	12
B											
A	99 01 00	+6	99 01 06	237 59 30						2 507.69	1 215.63
1	167 45 36	+6	167 45 42	157 00 36	225.85	+5 −207.91	+4 +88.21	−207.86	+88.17	2 299.83	1 303.80
2	123 11 24	+6	123 11 30	144 46 18	139.03	+3 −113.57	−3 +80.20	−113.54	+80.71	2 186.29	1 383.97
3	189 20 36	+6	189 20 42	87 57 48	172.57	+3 −6.13	−3 +172.46	+6.16	+172.43	2 192.45	1 556.40
4	179 59 18	+6	179 59 24	97 18 30	100.07	+2 −12.73	−2 +99.26	−12.71	+99.24	2 179.74	1 655.64
C	129 27 24	+6	129 27 30	97 17 54	102.48	+2 −13.02	−2 +101.65	−13.00	+101.63	2 166.74	1 757.27
D				46 45 24							
总和	888 45 18	+36	888 45 54		740.00	−341.10	+541.78	−340.95	+541.64		

辅助计算:
$\alpha'_{CD} = 46°44'48''$
$\alpha_{CD} = 46°45'24''$
$f_\beta = \alpha'_{CD} - \alpha_{CD} = -36''$
$f_{\beta允} = \pm 60''\sqrt{n} = \pm 147''$
允许相对闭合差 $K_允 = 1/2\ 000$

$f_x = \sum \Delta x_测 - (x_C - x_A) = -0.15\ m$
$f_y = \sum \Delta y_测 - (y_C - y_A) = +0.14\ m$
导线全长闭合差 $f = \sqrt{f_x^2 + f_y^2} = 0.20\ m$
导线全长闭合差 $K = \dfrac{1}{\sum D/f} \approx \dfrac{1}{3\ 700}$

成果图

导线测量的内业工作

平面控制测量和相关外业工作

项目六

全站仪与 GNSS 技术

任务描述

全站仪与 GNSS 是工程测量中的主要设备。测量员按照工程进度要求开展测量工作，测量工作也是保证工程质量和安全的技术手段之一。本项目全面介绍全站仪的基本构造、全站仪的测量模式和坐标放样的操作流程；简单介绍 RTK 的基本原理，详细介绍 RTK 在工程测量上的参数设置及坐标点采集放样的基本操作。

学习目标

通过本项目的学习，学生应该能够：
1. 了解全自动电子水准仪的功能，掌握全站仪的基本操作方法。
2. 掌握 RTK 在工程测量上的使用方法。
3. 通过完成任务，加强学生对仪器操作使用的熟练程度，加深对方位角、平面坐标等相关概念的理解。

任务一　全站仪及其使用

任务部署

全站仪建站，坐标测量和坐标放样。

任务目标

1. 掌握全站仪的建站操作。
2. 掌握全站仪三种常规测量模式的使用。
3. 掌握全站仪坐标测量和坐标放样的方法。

任务分组

班级		组号		指导教师	
组长		学号			

组员	姓名	学号	姓名	学号

任务分工	

获取资讯

引导问题 1　全站仪建站步骤有哪些？

引导问题 2　全站仪参数初始设置包括哪些参数？

引导问题 3　全站仪有哪些测量模式？

任务计划与决策

每个学生提出自己的计划和方案，经小组讨论比较，得出统一测量方案，教师审查每个小组的测量方案、工作计划并提出整改建议；各小组进一步优化方案，确定最终的测量工作方案。

任务实施

1. 仪器准备与检查。
2. 全仪器架设。
3. 建站。
4. 点测量。
5. 点放样。根据指导教师给定坐标数据，进行点的坐标放样操作，并在表6-1中记录数据。

表 6-1　数据记录表

数据记录表						
坐标放样	已知点坐标		已知点放样检查		放样误差	
	N/m	E/m	N/m	E/m	$\Delta N/m$	$\Delta E/m$

评价反馈

完成本任务后,学生自评,并完成表 6-2。

表 6-2 学生自评表

班级:　　　　姓名:　　　　学号:

任务一	全站仪及其使用		
评价内容	评价标准	分值	得分
操作时间	10 min 内完成全部操作得 30 分,拖延 1 min 扣 5 分	30	
操作流程	全站仪操作流程正确得 50 分,错误一处扣 5 分	50	
测量记录	记录干净整洁、填写工整。共 20 分	20	

项目相关知识点

一、全站仪的认知

1. 全站仪的用途

全站仪是测量方位角、目标距离并能自动计算目标点坐标的测量仪器,在经济建设和国防建设中具有重要作用。勘探和采掘,修建铁路、公路、桥梁,农田水利,城市规划与建设等工程建设过程中的测量工作都离不开全站仪。在国防建设中,如战场准备、港湾、要塞、机场、基地及军事工程建设等,都必须以详细而正确的大地测量为依据。近年来,电子全站仪更是成为大型精密工程测量、造船及航空工业等方面进行精密定位与安装的有效工具。

2. 全站仪的工作原理

全站仪的软硬件更新换代速度非常快,从最初的"光学经纬仪+测距仪"的组合已经发展到主流的"绝对编码测角+红外测距"一体化的设计(图 6-1),并全面替代传统经纬仪,得到了十分广泛的应用。

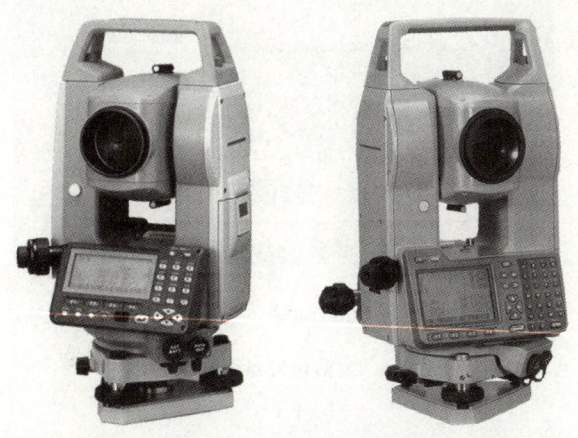

图 6-1 一体化电子全站仪

75

全站仪的工作原理是利用仪器内部的光栅度盘（或编码盘）和读数传感器实现角度测量，通过相位法（或脉冲法）进行距离测量，在空间直角坐标系下通过三角函数进行坐标解析计算实现目标坐标测量。

3. 全站仪的构造

全站仪的构造如图6-2所示。

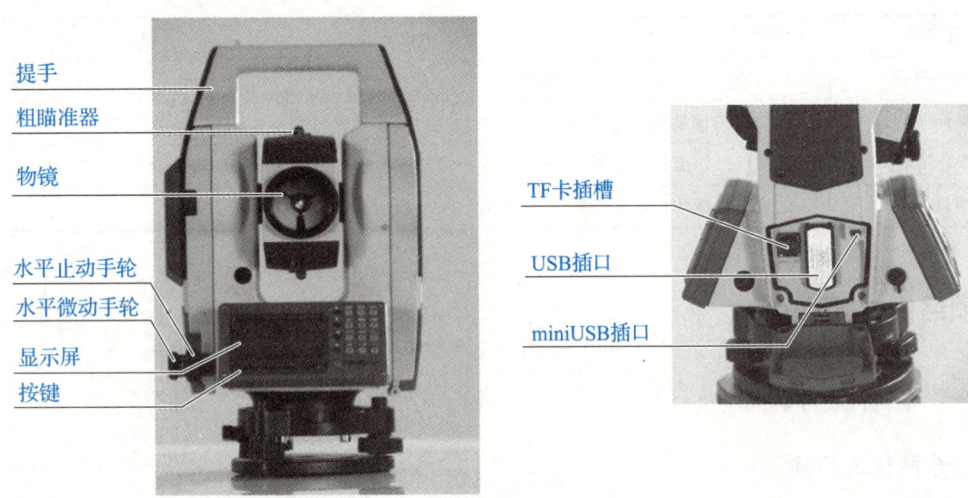

图6-2　全站仪各部件认知

4. 键盘功能与信息显示

全站仪在作业时，通过键盘和显示屏输入操作指令，同时测量数据可以通过显示屏同步显示。不同按键的设置指令不同。如图6-3所示为全站仪键盘及显示屏、表6-3～表6-5详细列出了按键的功能和显示屏符号的含义。

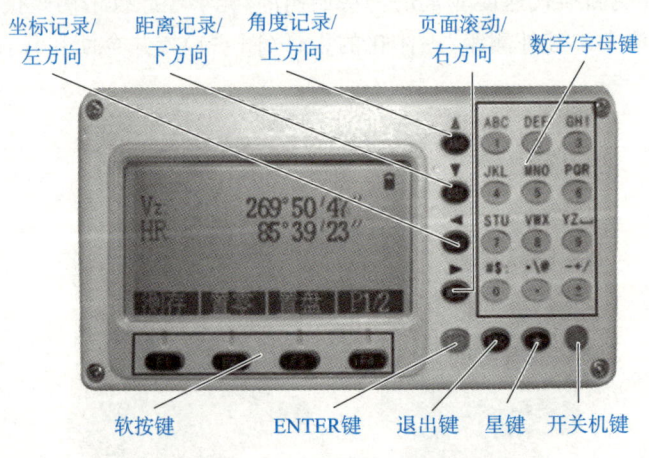

图6-3　全站仪键盘及显示屏

表 6-3　键盘符号的功能

按键	名称	功能
ANG	角度测量键	基本测量功能中进入角度测量模式。在其他模式下，光标上移或向上选取选择项
DIST	距离测量键	基本测量功能中进入距离测量模式。在其他模式下，光标下移或向下选取选择项
CORD	坐标测量键	基本测量功能中进入坐标测量模式。其他模式中光标左移、向前翻页或辅助字符输入
MENU	菜单键	基本测量功能中进入菜单模式。其他模式中光标右移、向后翻页或辅助字符输入
ENT	Enter 键	接受并保存对话框的数据输入并结束对话。在基本测量模式下具有打开、关闭直角蜂鸣的功能
ESC	退出键	结束对话框，但不保存其输入
开关键	电源开关	控制电源的开/关
F1～F4	软按键	显示屏最下一行与这些键正对的反转显示字符指明了这些按键的含义
0～9	数字键	输入数字和字母或选取菜单项
2～—	符号键	输入符号、小数点、正负号
★	星键	用于仪器若干常用功能的操作。凡有测距的界面，星键都进入显示对比度、夜照明、补偿器开关、测距参数和文件选择对话框

表 6-4　显示屏符号的意义

显示符号	内容
Vz	天顶距模式
V0	正镜时的望远镜水平时为 0 的垂直角显示模式
Vh	竖直角模式（水平时为 0，仰角为正，俯角为负）
V%	坡度模式
HR	水平角（右角），d_{HR} 表示放样角差
HL	水平角（左角）
HD	水平距离，d_{HD} 表示放样平距差
VD	高差，d_{VD} 表示放样高差之差
SD	斜距，d_{SD} 表示放样斜距之差
N	北向坐标，d_N 表示放样 N 坐标差
E	东向坐标，d_E 表示放样 E 坐标差
Z	高程坐标，d_Z 表示放样 Z 坐标差
▤ ▧ ▦	EDM（电子测距）正在进行
m	以米为单位
ft	以英尺为单位
fi	以英尺与英寸为单位，小数点前为英尺，小数点后为百分之一英寸
X	点投影测量中沿基线方向上的数值，从起点到终点的方向为正
Y	点投影测量垂直偏离基线方向上的数值

续表

显示符号	内容
Z	点投影测量中目标的高程
Inter Feet	国际英尺
US Feet	美国英尺
MdHD	最大距离残差——衡量后方交会的结果用

注：显示符号中字母正斜体与全站仪显示屏中保持一致。

表 6-5　常用的软按键提示说明

软按键提示	功能说明
回退	在编辑框中，删除插入符的前一个字符
清空	删除当前编辑框中输入的内容
确认	结束当前编辑框的输入，插入符转到下一个编辑框，以便进行下一个编辑框的输入。如果对话框中只有一个编辑框，或无编辑框，该软按键也用于接受对话框的输入，并退出对话。
输入	进入坐标输入对话框，进行键盘输入坐标
调取	从坐标文件中输入坐标数据
信息	显示当前点的点名、编码、坐标等信息
查找	列出当前坐标文件的点，供用户逐点选择或列出当前编码文件的编码，供用户逐个选择
查看	显示当前选择条所对应记录的详细内容
设置	进行仪器高、目标高的设置
测站	输入仪器所安置的站点的信息
后视	输入目标所在点的信息
测量	启动测距仪测距
测存	在坐标、距离测量模式下启动测距；保存本次测量的结果，点名自动加 1。补偿器超范围时不能保存
补偿	显示竖轴倾斜值
照明	开关背光、分划板照明
参数	设置测距气象参数、棱镜常数、显示测距信号

二、测量前的准备工作

1. 仪器开箱和存放

每次作业前，提前给仪器电池充好电，轻轻地放下箱子，让其盖朝上，打开箱子的锁栓，开箱盖，取出仪器。

存放时，盖好望远镜镜盖，使照准部的垂直制动手轮和基座的水准器朝上，将仪器平卧（望远镜物镜端朝下）放入箱中，轻轻旋紧垂直制动手轮，盖好箱盖，并关上锁栓。

2. 安置仪器

将仪器安装在三脚架上，精确整平和对中，以保证测量成果的精度。

(1) 架设三脚架。将三脚架伸到适当高度；使三腿等长、打开，并使三脚架顶面近似水平，且位于测站点的正上方。将三脚架腿支撑在地面上，使其中一条腿固定。

(2) 安置仪器和对点。将仪器小心地安置到三脚架上，拧紧中心连接螺旋，调整光学对点器，使十字丝成像清晰（如为激光对点器则通过星键打开激光对点器即可）。双手握住另外两条未固定的架腿，通过对光学对点器的观察调节这两条腿的位置。当对点器大致对准测站点时，使三脚架三条腿均固定在地面上。调节全站仪的三个脚螺旋，使对点器精确对准测站点。

(3) 利用圆水准器粗平仪器。调整三脚架三条腿的长度，使全站仪圆水准气泡居中。

(4) 利用管水准器精平仪器。

1) 松开水平制动螺旋，转动仪器，使管水准器平行于某一对脚螺旋的连线。通过旋转此对脚螺旋，使管水准器气泡居中。

2) 将仪器旋转90°，使其垂直于上步选中的脚螺旋的连线。旋转另一个脚螺旋，使管水准器泡居中。

(5) 精确对中与整平。通过对对点器的观察，轻微松开中心连接螺旋，平移仪器（不可旋转仪器），使仪器精确对准测站点。再拧紧中心连接螺旋，再次精平仪器。此项操作重复至仪器精确对准测站点为止。

3. 仪器参数初始设置

主要包括温度气压、测量单位、测角模式、测距模式、棱镜常数、改正方式开关等参数设置。全站仪键盘自带字符数字键，在"★"键功能中选择参数设置，输入当前气压、温度、棱镜常数等信息，可以直接输入数字和字符。完成输入后，按"ENT"键接受输入并结束对话框。

棱镜常数有－30和0两种，使用时需加以区分。

4. 反射棱镜

当全站仪用棱镜模式进行距离测量时，须在目标处放置反射棱镜。反射棱镜有单（三）棱镜组，可通过基座连接器将棱镜组连接在基座上安置到三脚架上，也可直接安置在对中杆上。

5. 望远镜目镜调整和目标照准

瞄准目标的方法如下：

(1) 将望远镜对准明亮天空，旋转目镜筒，调焦看清十字丝（先朝自己方向旋转目镜筒再慢慢旋进调焦，直到清楚看到十字丝）。

(2) 利用粗瞄准器内的十字中心瞄准目标点，照准时眼睛与瞄准器之间应保持适当距离（约200 mm）。

(3) 利用望远镜调焦螺旋使目标清晰成像在分划板上。当眼睛在目镜端上下或左右移动发现有视差时，说明调焦或目镜屈光度未调好，这将影响测角的精度，应仔细调焦并调节目镜筒消除视差。

三、全站仪的三种测量模式

全站仪提供角度测量、距离测量、坐标测量三种模式，可根据实际作业情况，选择一种测量模式进行测量作业。接下来将分别介绍这三种测量模式的使用方法。

1. 角度测量模式

全站仪开机后自动进入角度测量模式，角度测量模式共两个界面，按"F4"键在两个界面中切换，如图 6-4 所示。

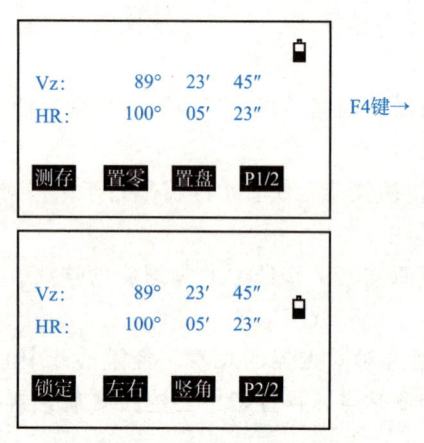

图 6-4　角度测量模式

操作步骤如下：

(1)如图 6-5 所示，在 C 点安置好仪器后，照准第一个目标点 A。

(2)置零：将水平角设置为 0。按"F2"键。系统询问"确认[置零]?"，按"ENT"键置零。置零后 CA 方向的水平角读数为 $0°00'00''$。

(3)转动仪器，照准目标点 B，此时仪器显示 CB 方向相对于 CA 方向的水平角和竖直角。

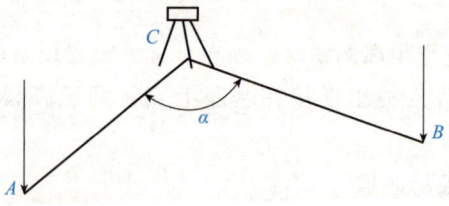

图 6-5　角度测量

2. 距离测量模式

距离测量模式下，可以实现两点间距离连续测量和距离放样两种功能。按"DIST"键进入距离测量模式，距离测量有两个界面，按"F4"在两个界面中切换，如图 6-6 所示。

(1)距离连续测量(图 6-7)。操作步骤如下：

项目六　全站仪与GNSS技术

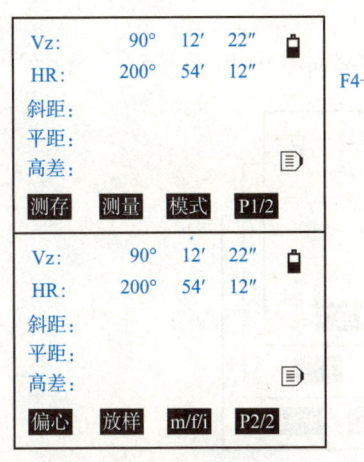
图 6-6　距离测量模式

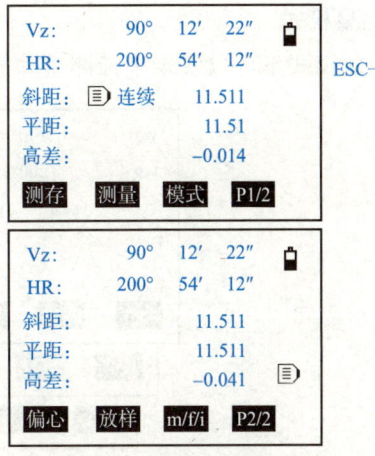
图 6-7　距离连续测量

1）转动仪器照准目标棱镜。

2）按"F2"（测量）键，进行距离测量并显示测量结果。在连续或跟踪模式下，按"ESC"键退出测距。按下"F3"（模式）键时，可以选择测距仪的工作模式，分别是单次、多次、连续、跟踪。使用"▲▼"按钮移动选择工作模式，按"ENT"键确认；当移动到"多次"测量项时，用"◀▶"按钮可以使多次测量的测量次数在 3～9 次之中选择。

（2）距离放样。根据已知两点的距离大小进行距离放样。仪器可实时显示测量距离与预置距离之间的差值。此功能有多种距离放样模式，如平距、高差、斜距等。默认模式是平距模式，如图 6-8 所示。

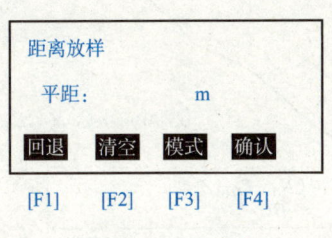
图 6-8　平距模式

以平距模式为例，操作步骤如下：

1）按"DIST"键进入距离测量模式，距离测量有两个界面，按"F4"切换到第二个界面。按"放样"键进入放样功能界面。

2）按"模式"键选择放样模式，本书以平距模式为例，选择平距模式，输入预置距离，如 11.511 m。

3）按"确认"键。

4）转动仪器照准棱镜，屏幕上显示测量距离与预置距离之差，如果为正，则表示所测平距比期望平距大，说明棱镜要向仪器移动；如果为负，棱镜要远离仪器移动。

81

3. 坐标测量模式

全站仪在此模式下可以实现坐标测量和放样测量两个功能（图 6-9）。

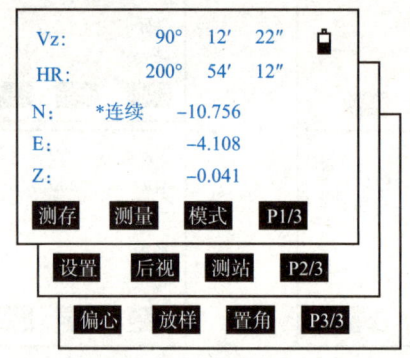

图 6-9　坐标模式

（1）坐标测量。坐标测量是指全站仪根据任意两个已知点坐标，测算出任一点的三维坐标（N，E，Z）的过程。坐标测量的原型如图 6-10 所示。

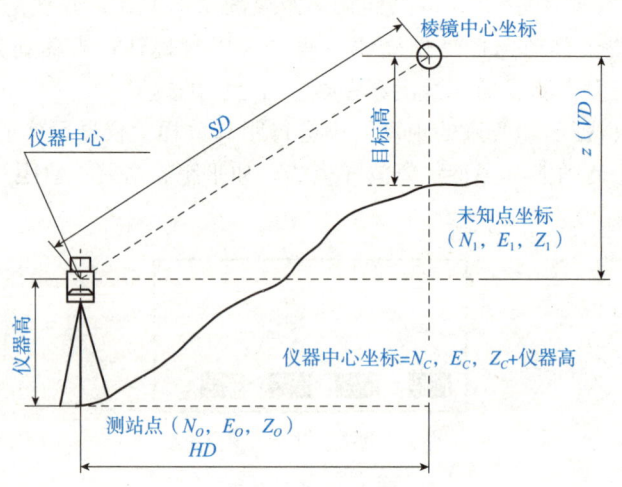

图 6-10　坐标测量原理图

坐标测量步骤如下：

1）设置测站点坐标。坐标测量有三个界面，按"F4"键切换到第二个界面，按"设置"键，进行仪器高和目标高的设置（图 6-11）。仪器高是指仪器横轴到测站点的垂直高度，目标高指的是棱镜中心点到测点的垂直高度。输入完成后按"ENT"键确认，回到第二个界面，按"测站"键，输入测站点坐标，输入完成后按"ENT"键表示接受输入。

2）设置后视点坐标。按"后视"键，输入后视点坐标（图 6-12），瞄准后视点，转动仪器照准后视点，按"ENT"键完成后视定向。

3）照准未知目标点的棱镜。

图 6-11 仪器高和目标高输入　　图 6-12 后视坐标输入

4)在第一个界面按"测量"键,进行未知点坐标测量。

(2)放样测量。放样测量是根据点的设计坐标或与控制点的几何关系,在地面上标定设计坐标位置的过程。放样测量菜单如图 6-13 所示。

以坐标放样为例,放样测量步骤如下:

1)选择放样文件,可进行测站坐标数据、后视坐标数据和放样点数据的调用。
2)设置测站点。
3)设置后视点,确定方位角。
4)输入所需的放样坐标(图 6-14),按"ENT"键进入放样测量。按"F3"键,放样结果可在距离与坐标之间切换(图 6-15 和图 6-16)。

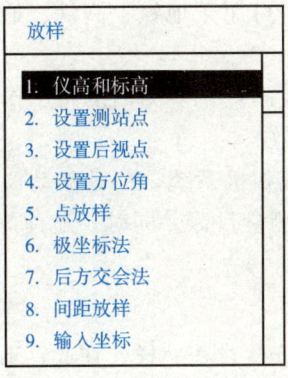

图 6-13 放样菜单　　图 6-14 放样点的输入

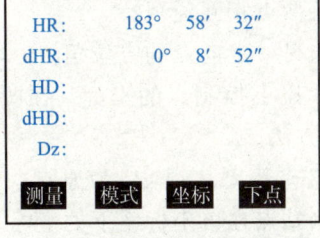 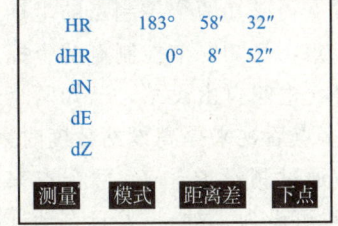

图 6-15 放样测量的距离模式　　图 6-16 放样测量的坐标差模式

5)dHR:dHR 值为负,表示照准部顺时针旋转可以达到期望的放样点,否则逆时针旋转照准部;dHD 为正,表示棱镜要向仪器方向移动才能达到期望的放样点,反之则需要向背离仪器的方向移动。

dN：dN 值为负时，表示向北方向移动棱镜，可以达到期望的放样点，反之要向南移动。

dE：dE 值为负时，表示要向东方向移动棱镜，可以达到期望的放样点，反之要向西方向移动。

dZ：dZ 值为正时，表示目标（棱镜）要向下挖方，反之向上填方。

"下点"：表示进行下一个点的放样，在当前选择的文件中查找到下一个坐标点，返回到输入放样坐标的界面并将坐标显示出来，按"确认"键即可直接使用进行放样。

四、全自动电子全站仪

1. 特别功能介绍

（1）自动锁定功能。全自动电子全站仪具有实现±20°动态锁定性能，视场角比上代更大，在通视条件不好（雨雾天气）或强光的情况下，甚至长距离测量，全站仪都可以锁定棱镜完成测量。其在测量方面的优势体现在：寻找棱镜时间更短；减少外界强光、雨雾等对自动照准棱镜的影响；满足日益复杂化的工程施工测量任务。

（2）自动量测仪器高度。一键操作，精度为 1 mm，自动量测仪器高度，确认并保存，完成仪器高度输入。消除人工丈量误差。

（3）超高的测角精度。达到 0.5″自动照准精度，可用于地铁、高铁、地标建筑物等精密测量任务。

（4）智能化。仪器可自动学习目标棱镜。在导线测量、多测回测角工作中，自动识别有效棱镜，排除无效目标，完成自主学习，提升测设效率。

（5）双相机系统。全自动电子全站仪一般配备双相机系统，一键驱动仪器旋转并照准测量目标，通过高分辨图像，可以更加精确捕获较远测量目标。同时，还具备远程遥控测量作业等应用场景。

2. 全自动电子全站仪的使用

全自动电子全站仪的安置过程与普通全站仪的安置过程一样。在此，不再重复说明。在正式测量或放样之前，必须做的一个步骤就是设站和定向。在此只介绍通常用到的 4 种设站定向方法（第 4 种为非常用方法）：

（1）已知后视点：已知两个控制点的坐标，并且两点相互通视。

（2）设置方位角：已知一个控制点的坐标及其与另一定向点的方位角。

（3）后方交会：也叫自由设站，已知两个及两个以上控制点的坐标。在两控制点间不通视，或为了使用多点后视来提高设站精度时采用此方法。

（4）线定向：通过测量 P_1、P_2 两个点来自定义坐标系，以 P_1 为原点(0，0，0)，P_1、P_2 连线为 x 轴（也可设为 y 轴），并且自动计算出测站点在该坐标系下的坐标。

在完成设站后，输入点号和目标棱镜高度后，可选择菜单，进行全自动连续测距、测角、测量坐标等测量作业。

任务二　GNSS 及其使用

任务部署

RTK 设置，RTK 坐标测量和 RTK 坐标放样。

任务目标

1. 掌握 RTK 手簿的设置方法。
2. 掌握 RTK 点采集及放样的操作方法。
3. 通过对点采集和点放样，加强学生对 RTK 操作使用的熟练程度。

任务分组

班级		组号		指导教师	
组长		学号			
组员	姓名		学号	姓名	学号
任务分工					

获取资讯

引导问题 1　RTK 有哪些数据链通信模式？各自有哪些优缺点？
引导问题 2　RTK 手簿设置的步骤是什么？
引导问题 3　RTK 碎部测量和点放样的操作步骤有哪些？

任务计划与决策

每个学生提出自己的计划和方案，经小组讨论比较，得出统一测量方案，教师审查每个小组的测量方案、工作计划并提出整改建议；各小组进一步优化方案，确定最终的测量工作方案。

任务实施

1. 仪器准备与检查。
2. 基准站和移动站的设置。
3. 手簿的设置。
4. 碎部测量。
5. 点放样。根据指导老师给定坐标数据，进行点的坐标放样操作。在表 6-6 中记录数据。

表 6-6　数据记录表

数据记录表					
坐标放样	已知点坐标		已知点放样检查		放样误差	
	N/m	E/m	N/m	E/m	ΔN/m	ΔE/m

评价反馈

完成本任务后，学生自评，并完成表 6-7。

表 6-7　学生自评表

班级：　　　姓名：　　　学号：

任务二	GNSS 及其使用		
评价内容	评价标准	分值	得分
操作时间	10 min 内完成全部操作得 30 分，拖延 1 min 扣 5 分	30	
操作流程	GNSS 操作流程正确得 50 分，错误一处扣 5 分	50	
测量记录	记录干净整洁、填写工整，共 20 分	20	

项目相关知识点

一、GNSS 系统简介

GNSS 是 Global Navigation Satellite System 的缩写,全称是全球导航卫星系统其泛指所有的卫星导航系统,包括全球的、区域的和增强的,如美国的 GPS、俄罗斯的 Glonass、欧洲的 Galileo、中国的北斗卫星四大导航系统;以及相关的增强系统,如美国的 WAAS(广域增强系统)、欧洲的 EGNOS(欧洲静地导航重叠系统)和日本的 MSAS(多功能运输卫星增强系统)等,还涵盖在建和以后要建设的其他卫星导航系统。国际 GNSS 系统是个多系统、多层面、多模式的复杂组合系统。

二、RTK 工作原理

目前主流的 GNSS 接收机都是基于 RTK 的工作原理设计和制造的(图 6-17)。RTK 是能够在野外实时得到厘米级定位精度的测量方法,它采用了载波相位动态实时差分(Real-time kinematic)方法,是 GPS 应用的重大里程碑,它的出现为工程放样、地形测图,各种控制测量带来了新曙光,极大地提高了外业作业效率。

RTK 的工作原理是将一台接收机置于基准站上,另一台或几台接收机置于流动站上,基准站和流动站同时接收同一时间、同一 GPS 卫星发射的信号,基准站所获得的观测值与已知位置信息进行比较,得到 GPS 差分改正值。然后将这个改正值通过数据链及时传递给共视卫星的流动站,精化其 GPS 观测值,从而得到经差分改正后流动站较准确的实时位置。

差分的数据类型有伪距差分、坐标差分(位置差分)和载波相位差分三类。前两类定位误差的相关性,会随基准站与流动站的空间距离的增加而迅速降低。故 RTK 采用第三类方法,即载波相位差分。常见 RTK 接收机如图 6-17 所示。

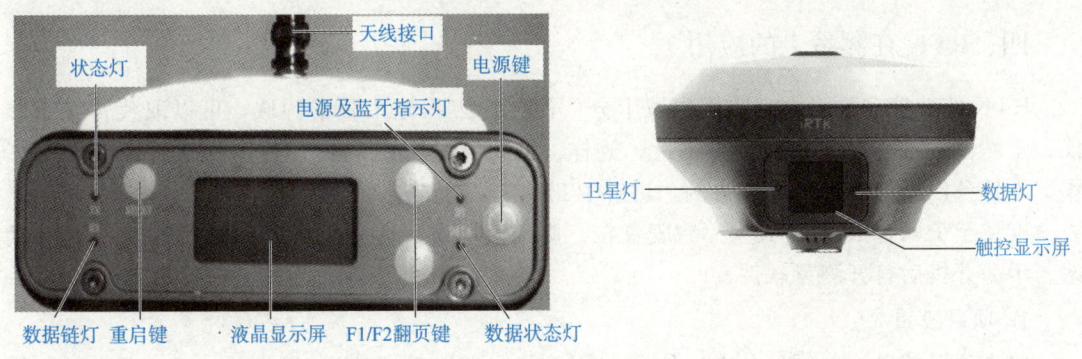

图 6-17 常见 RTK 接收机

三、RTK 的数据链通信模式

RTK 接收机接收到卫星信号并处理,在 RTK 接收机之间数据通信的模式主要有以下两种。

1. 电台模式

电台模式采用 UHF(Ultra High Frequency)超高频率进行数据传输。

特点：作业距离一般为 0~28 km，特别是在山区或城区传播距离会受到影响；电台信号容易受干扰，所以要远离大功率干扰源；电台的架设对环境有非常高的要求，一般选在比较空旷，周围没有遮挡的位置，且基站架设置得越高作业距离越远；对于电瓶的电量要求较高，出外业之前电瓶一定要充满或有足够的电量。

2. 网络模式

GPRS(General Packet Radio Service，通用分组无线业务)是在 GSM 系统上发展出来的一种分组数据承载业务；CDMA 为码分多址数字无线技术。

优点是距离远，携带方便；缺点是容易造成差分数据延迟 2~5 s，在没有手机信号的地方无法使用，需要一定的费用。常见网格模式 RTK 接收机和控制手薄如图 6-18 所示。

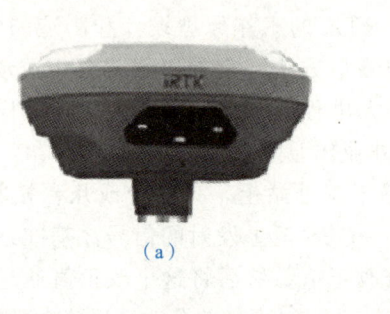

(a)

(b)

图 6-18　网格模式 RTK 接收机和控制手薄
(a)RTK 接收机；(b)控制手薄

四、RTK 在测量上的应用

RTK 的功能非常强大，应用领域十分广泛。在工程施工测量领域，可以取代传统水准仪、全站仪，进行高程和坐标的测量、放样、数字化地形图测绘、数字化地籍图测绘等工作。本任务以坐标测量和放样为例，讲解 RTK 的操作方法。

准备至少两台 RTK，其中一台安置在三脚架上固定，作为基准站；其他 RTK 作为移动站。手簿开机后打开测量软件。

1. 项目设置

单击项目信息，在项目名空白处输入项目名。坐标系统选择"国家 2000"，中央子午线设置改成当地代码，基准面中的源椭球设置成"WGS84"，目标椭球设置成"国家 2000"，然后确定保存设置。

2. 设站

设站分为设置基准站和设置移动站两个步骤。设站的目的是使移动站达到固定解。

(1)设置基站：单击设备→设备连接→连接→选择基准站的蓝牙号连接，连接完成后按键盘返回键。重新单击基准站，进入界面，进行数据平滑采集。

基准站接收处理数据，然后将数据分发共享出去。数据链通信一共有三种模式，内置电台、内置网络和外部数据链。内置电台频道 1～100 任意，空中波特率 9 600。内置网络 IP：121.33.218.242，端口 9000。本任务以内置电台为例，数据平滑采集和数据链通信方式设置如图 6-19、图 6-20 所示。

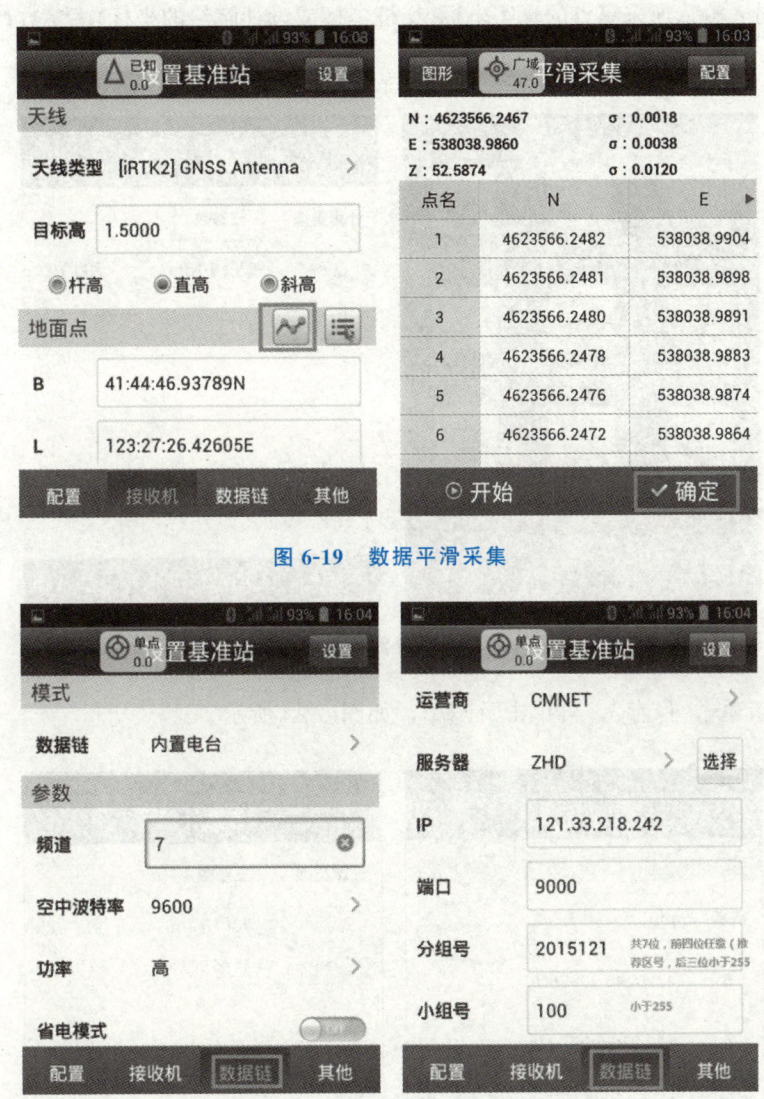

图 6-19　数据平滑采集

图 6-20　数据链通信方式设置

基准站设置好以后，手簿可以断开与基准站的连接，然后连接移动站。

（2）设置移动站：单击连接，选择移动站的蓝牙号连接，连接完成后按键盘返回键，单击移动站，数据链和其他选项下的设置与基站保持一致，否则接不到基站的信号。

89

3. 采集控制点坐标(已知点)

单击测量→碎部测量→对中整平(固定解)→单击屏幕上的测量键,修改点名,再次按测量键存点,采集两个控制点坐标。

单击项目→参数计算→计算类型选择三参数→添加坐标。

源点部分:单击图上的图标,调用所采集的控制点坐标(已知点)。

目标点部分:输入所采集点的真实坐标(交桩坐标或设计院给的坐标)。参数计算如图 6-21、图 6-22 所示。

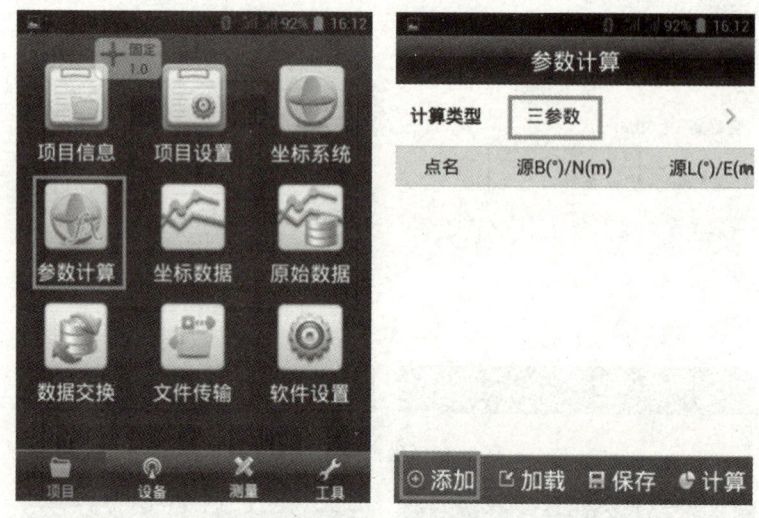

图 6-21 参数计算选择

输入完毕后单击"保存",再单击"计算",如图 6-22 所示。

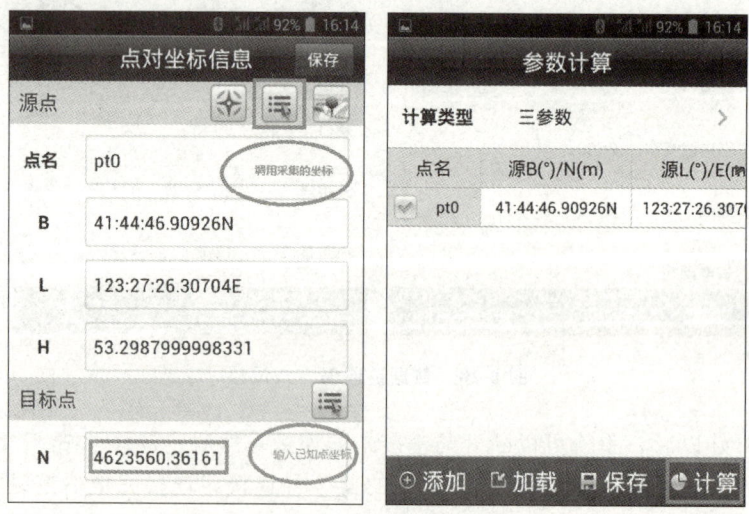

图 6-22 参数计算

单击计算后出现参数计算结果的界面。

三参数计算结果。正常情况下 DX、DY、DZ 分别在±150 以内,如果超过±150 请检查坐标位数和数值。中央子午线、东向加常数是否设置正确,在范围之内单击"应用"按钮。

如果用四参数求解的话,最少需要添加两个已知点才可以计算,并且四参数计算结果中尺度一般为 0.9999××××或 1.0000××××无限接近于 1 的数,如果少于 4 个 9 或者 4 个 0,说明两个点的相对关系不好,会导致测量结果出现较大的误差。

4. 检核控制点(已知点)

单击测量→碎部测量→对中整平(固定解)→单击屏幕上的测量键,核对一下所采集的坐标是否符合要求(和已知点对比)。

5. 采集点和点放样

(1)采集点:单击测量→碎部测量→对中整平(固定解)→单击屏幕上的测量键。

(2)点放样:单击测量→单击放样→单击屏幕上的小箭头符号→输入坐标并确定→屏幕下方显示所放点的方位、坐标,以及当前位置与目标点的距离差。根据显示屏信息,进行点放样操作。

课程思政

永攀高峰,测绘先行

可能有人会想,不就是一座山吗,为什么要精而又精地测量最为准确的海拔高度呢?用卫星导航系统测量一个大概的海拔高度不就行了吗?答案当然是不可以的,珠穆朗玛峰海拔高度的测量完全不仅仅是科学探测那么简单。首先要知道,珠穆朗玛峰位于我国和尼泊尔的交界处,我们有责任,也有义务把这座世界第一高峰的高度测量出来,因为这是大自然的奇迹,世界上其他国家的人也有权利知晓珠峰的海拔高度。近 300 年来,人们一轮又一轮地探查珠穆朗玛峰的高度,珠穆朗玛峰测量的过程成为人类认识地球、了解自然、检验科技水平和探索科技发展的过程。长期以来,世界上许多国家都在关注着珠穆朗玛峰高度的测量。尤其是 1975 年以后,测量频率大大提高,对珠穆朗玛峰高度的求证已有 10 次之多,围绕珠穆朗玛峰高度的争论也从未停止过。1975 年,我国组织了攀登、测绘、科考一体的珠穆朗玛峰测量活动,采用传统测量方法,通过 6 000 m 以上的 6 个测绘点测定珠峰高度为 8 848.13 m。为了得出更精确的权威数据,2005 年,我国在 1975 年第一次大规模珠穆朗玛峰测量的基础上,利用现代测量手段和完善的实施方案,进行珠穆朗玛峰复测,测量结果最后正式宣布:珠穆朗玛峰峰顶岩石面海拔高程为 8 844.43 m(图 6-23)。2020 年,我国启动了珠穆朗玛峰高程测量的各项工作。珠穆朗玛峰高程测量登山队的 8 名登山队员,于 5 月 27 日终于克服了高海拔缺氧、垂直高度太高、难以攀爬等种种困难,成功登顶。这次登顶测高的绝大部分技术全部来源于我国自主研发的专业技术与工具,亮点是使用了我国的北斗导航系统。北斗导航系统的卫星数量更多,观测点更广泛,精度更高,且具备通信能力,为登山队员大大减轻了工作难度。目前珠穆朗玛峰的最新高度为 8 848.86 m。

工程测量技术

图 6-23　珠峰测量路线图

GPS-RTK 的相关知识介绍

全站仪的测点和放样

全站仪的组成和使用

自动照准电子全站仪的相关知识介绍

项目七　地形图测绘与应用

任务描述

本项目要求学生通过学习掌握地形图测绘方法，并对地形图应用有深入的认识，从而完成测量任务。

学习目标

通过本项目的学习，学生应该能够：
1. 掌握地形图的比例尺及其图示。
2. 掌握地形图测图前的准备。
3. 掌握碎部点测量和绘图要点。
4. 掌握地形图应用的要点。

任务一　地形图的比例尺及其图示

任务部署

地形图的测绘应遵循测量的基本原则进行，根据测图目的及测区的具体情况建立平面及高程控制，然后根据控制点进行地物和地貌的测绘，即将地面上的各种地物和地貌，按一定的投影关系，依一定的比例，用规定的符号缩绘在图纸上。

地球表面十分复杂，但总体来说，大致分为地物和地貌两类。地面上具有明显轮廓的固定性物体称为地物，如房屋、河流、森林等。地面上高低起伏的形态称为地貌，如高山、深谷等。地物和地貌合称地形。为便于测图和用图，用各种规定的符号将实地的地物和地貌在图上表示出来，这些符号称为地形图图式。地形图图式是由国家测绘总局统一制定的，它是测绘和使用地形图的重要依据。

本任务主要讲述了平面图与地形图的概念、比例尺的概念和种类、比例尺的精度，要求学生重点掌握。同时，要求学生对地物符号的分类方法，等高线的相关定义和特点有深入的认识，要求能正确利用图式符号表达地物、地貌。

任务目标

1. 了解平面图与地形图的概念。
2. 掌握比例尺和地形图图示的概念和种类。
3. 掌握比例尺的精度和等高线的特点。

任务分组

班级		组号		指导教师	
组长		学号			
组员	姓名	学号	姓名	学号	
任务分工					

获取资讯

引导问题1　什么是地形图？什么是平面图？

引导问题2　什么是比例尺？什么是比例尺精度？

引导问题3　等高线的特点是什么？

任务计划与决策

每个学生提出自己的计划和方案，经小组讨论比较，得出统一测量方案，教师审查每个小组的测量方案、工作计划并提出整改建议；各小组进一步优化方案，确定最终的测量工作方案。

各小组将制订的工具计划和劳动力计划填入表7-1和表7-2。

表 7-1　工具计划表

工具名称	规格	单位	数量	备注

表 7-2　劳动力计划表

人员姓名	工作任务	备注

任务实施

1. 准备计算器、记录板、笔、记录表等。
2. 熟悉比例尺的概念内容。
3. 熟悉如何绘制地形图图式。
4. 学生之间互相提问，计算比例尺和比例尺精度。
5. 绘制特殊地形的等高线图示。

评价反馈

完成任务后，学生自评，并完成表 7-3。

表 7-3　学生自评表

班级：　　　姓名：　　　学号：

任务一	地形图的比例尺及其图示			
评价内容	评价标准	分值	得分	
比例尺计算	能完成比例尺和比例尺精度的准确计算	50		
地形图图式绘制	能准确绘制地形图图式	50		

项目相关知识点

一、平面图与地形图

1. 平面图

当测区面积不大时，可把大地水准面当作平面。将地面上的地物沿铅垂方向投影到水平

95

面上,再按规定的比例和符号缩绘而成的图,称为平面图。平面图能反映实际地物的形状、大小及地物之间的相对平面位置关系。

2. 地形图

在图上既表示出测区内各种地物的平面位置,又用规定的符号表示出地貌,这样的图称为地形图。地形图既能反映实际地物的形状、大小及地物之间的相对平面位置关系,又能反映地面高低起伏的形态。

二、比例尺

1. 比例尺的概念

绘图时不可能将地面上的各种地物按其真实大小描绘在图纸上,而必须按一定的比例缩小后绘制。因此,图上任一线段长度与地面上相应线段的实际长度之比,称为图的比例尺。

2. 比例尺的种类

由于测图和用图的需要,比例尺的表示方法有数字比例尺和图示比例尺。

(1)数字比例尺。用分子为1的分数或数字比例形式来表示的比例尺称为数字比例尺,即

$$\frac{d}{D} = \frac{1}{M} \tag{7-1}$$

式中,d 表示线段图上长度;D 表示线段实际实地长度;M 为比例尺的分母,表示缩小的倍数。分数值越大(M 越小),比例尺就越大,反之亦然。数字比例尺可以写成 $\frac{1}{500}$、$\frac{1}{1\,000}$、$\frac{1}{2\,000}$ 等,也可以写成 1∶500、1∶1 000、1∶2 000 等。通常把 1∶500、1∶1 000、1∶2 000、1∶5 000 比例尺的地形图,称为大比例尺地形图;1∶10 000、1∶25 000、1∶50 000、1∶100 000 比例尺的地形图,称为中比例尺地形图;小于 1∶100 000 比例尺的地形图称为小比例尺地形图。

根据数字比例尺,可以由图上线段长度求出相应实地线段水平距离;同样由实地水平距离可求出其在图上的相应长度。

(2)图示比例尺。最常见的图示比例尺为直线比例尺。直线比例尺是直接绘在图纸上的,能直接进行图上长度与相应实地水平距离的换算,并可避免图纸伸缩而引起的误差,如图 7-1 所示。

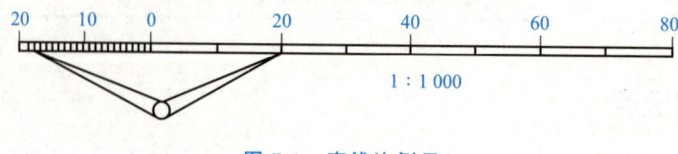

图 7-1 直线比例尺

3. 比例尺的精度

通常情况下,人们用肉眼能分辨的图上最短长度为 0.1 mm,即在图纸上,当两点的长

度小于 0.1 mm 时，人眼就无法分辨。因此，把相当于图纸上 0.1 mm 的实地水平距离称为比例尺精度。

比例尺精度的概念对测图和用图都具有十分重要的意义。一方面，根据测图的比例尺，确定实地量距时应准确的程度；另一方面，根据要求选用合适的比例尺。如测绘 1∶1 000 比例尺地形图时，实地量距精度只要达到 0.1 m 即可；若测图时要求在图上反映出地面上 0.5 m 的细节，则选用的测图比例尺不应小于 1∶5 000。

三、地物符号

地形图上用来表示房屋、河流、矿井等固定物体的符号称为地物符号。

1. 按地物性质分类

按地物性质的不同，地形图图式可分为以下几种符号。

(1)测量控制点符号，如三角点、水准点、图根点等。

(2)居民地和垣栅符号，如房屋、窑洞、围墙、篱笆等。

(3)工矿建(构)筑物符号，如探井、起重机、饲养场、气象站等。

(4)交通符号，如铁路、公路、隧道、桥梁等。

(5)管线符号，如电力线、通信线、管道等。

(6)水系符号，如河流、湖泊、沟渠等。

(7)境界符号，如国界、省界、县界等。

(8)地貌和地质符号，如等高线、石堆、沙地、盐碱地、沼泽地等。

(9)植被符号，如森林、耕地、草地、菜地等。

2. 按比例关系分类

(1)依比例符号。当地物较大时，可将其形状、大小的水平投影按测图比例尺缩绘在图上的符号，称为依比例符号，如房屋、河流、森林等。

(2)非比例符号。当地物轮廓很小，但又很重要，在图上无法反映其真实形状和大小时，就采用规定的符号表示，这种符号称为非比例符号，如水井、独立树、纪念碑等。

(3)半比例符号。对于一些线状而延伸的地物，其长度能按比例缩绘，但其宽度不能按比例缩绘，这种符号称为半比例符号，如电力线、小路等。

四、地貌符号

地形图上用来表示地面高低起伏形态的符号称为地貌符号，通常用等高线表示地貌。因为等高线不仅能表示出地面起伏形状，而且还能科学地表示地面的坡度和地面点的高程及山脉走向。

1. 等高线表示地貌的原理

等高线是地面上高程相等的相邻点连接而成的闭合曲线。一组等高线，在图上不仅能表达地面起伏变化的形态，而且还具有一定立体感。如图 7-2 所示，设有一座小山头的山顶被水恰好淹没时的水面高程为 50 m，水位每下降 5 m，坡面与水面的交线即为一条闭合曲线，其相应高程分别为 45 m、40 m、35 m 等。将这些曲线垂直投影在水平面上，并按一定比例尺缩绘在图纸上,从而得到一组表现山头形状、大小、位置及起伏变化的等高线。

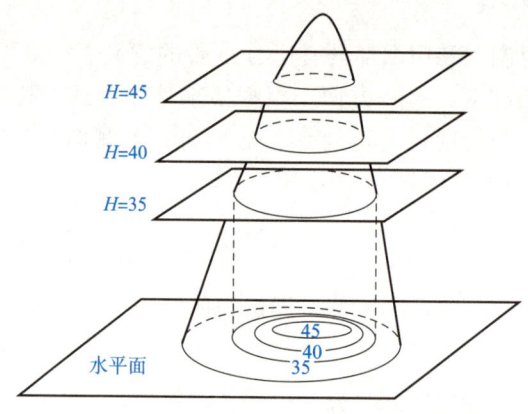

图 7-2 等高线原理

2. 等高距和等高线平距

相邻等高线之间的高差 h,称为等高距或等高线间隔。在同一幅地形图上,等高距是相同的。相邻等高线间的水平距离 d,称为等高线平距。坡度与平距成反比,d 越大,表示地面坡度越缓,反之越陡。

用等高线表示地貌,若等高距选择过大,就不能精确显示地貌;反之,选择过小,等高线密集,则失去图面的清晰度。因此,应根据地形图比例尺、地形类别参照表 7-4 选用等高距。

表 7-4 地形图的基本等高距

地形类别	比例尺/基本等高距			
	1∶500	1∶1 000	1∶2 000	1∶5 000
平地	0.5 m	0.5 m	1.0 m	2.0 m
丘陵	0.5 m	1.0 m	2.0 m	5.0 m
山地	1.0 m	1.0 m	2.0 m	5.0 m
高山地	1.0 m	2.0 m	2.0 m	5.0 m

3. 等高线的种类

(1)首曲线。根据基本等高距测绘的等高线称为首曲线,又称基本等高线。故首曲线的高程必须是等高距的整数倍。在图上,首曲线用细实线描绘,如图 7-3 所示。

(2)计曲线。为了读图方便,每隔四根等高线加粗描绘一根等高线,并在该等高线上的适当部位注记高程,该等高线称为计曲线,也叫加粗等高线。

(3)间曲线。为了显示首曲线不能表示的详细地貌特征,可按 1/2 基本等高距描绘等高线,这种等高线叫作间曲线,在地形图上用长虚线描绘。

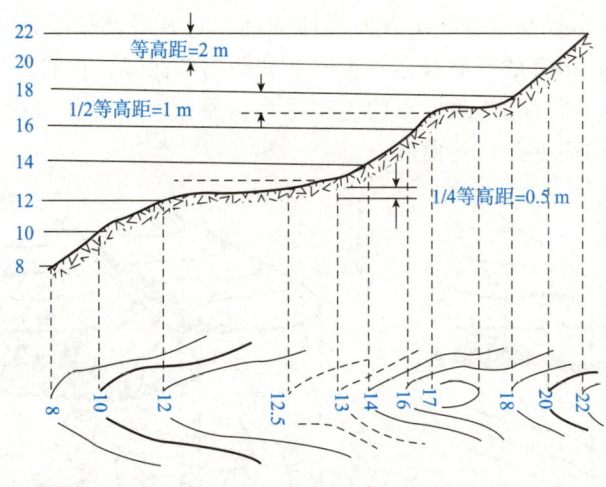

图 7-3 等高线示意图

(4)助曲线。按 1/4 基本等高距描绘的等高线称为助曲线,在图上用短虚线描绘。间曲线和助曲线都是用于表示平缓的山头、鞍部等局部地貌,或在一幅图内坡度变化很大时,也常用来表示平坦地区的地貌。间曲线和助曲线都是辅助性曲线,在图幅中何处加绘没有硬性规定。

4. 典型地貌及其等高线

地貌形态繁多,但主要由典型地貌组合而成。

(1)山头和洼地(盆地)。隆起而高于四周的高地称为山,图 7-4(a)所示为表示山头的等高线;四周高而中间低的地形称为洼地,图 7-4(b)所示为表示洼地的等高线。

山头和洼地的等高线均表现为一组闭合曲线。在地形图上区分山头和洼地,可采用高程注记或示坡线的方法。高程注记可在最高点或最低点上注记高程;示坡线是从等高线起向下坡方向垂直于等高线的短截线。示坡线从内圈指向外圈,说明中间高、四周低,故为山头或山丘;示坡线从外圈指向内圈,说明中间低、四周高,故为洼地或盆地。

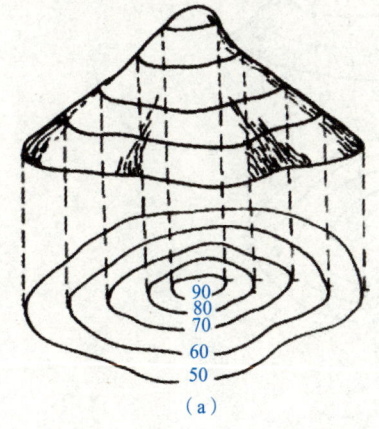

(a)

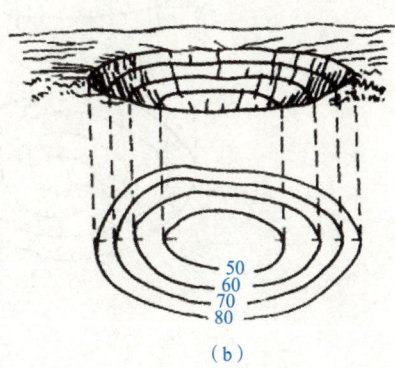

(b)

图 7-4 山头和洼地
(a)山头等高线;(b)洼地等高线

99

(2)山脊和山谷。山脊是沿着一定方向延伸的高地,其最高棱线称为山脊线,又称分水线,如图 7-5(a)所示;山脊的等高线是一组向低处凸出的曲线。山谷是沿着一个方向延伸的两个山脊之间的凹地,贯穿山谷最低点的连线称为山谷线,又称集水线,如图 7-5(b)所示;山谷的等高线是一组向高处凸出的曲线。

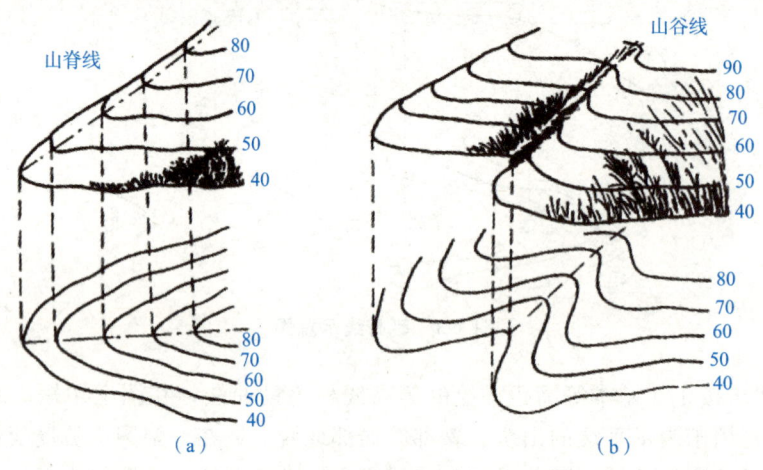

图 7-5　山脊和山谷

(a)山脊线;(b)山谷线

山脊线和山谷线可显示地貌的基本轮廓,统称为地性线,它在测图和用图中都有重要作用。

(3)鞍部。鞍部是相邻两山头之间低凹部位且呈马鞍形的地貌,如图 7-6 所示。鞍部(S点处)俗称垭口,是两个山脊与两个山谷的会合处,等高线由一对山脊等高线和一对山谷等高线组成。

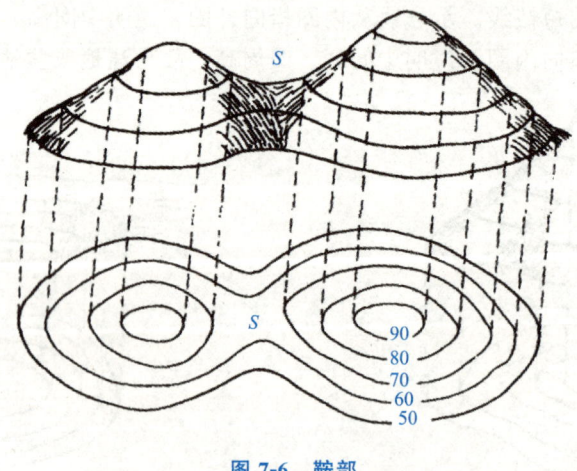

图 7-6　鞍部

(4)峭壁和悬崖。峭壁是坡度在 70°以上的陡峭崖壁,有石质和土质之分,图 7-7 所示是石质峭壁的表示方法及符号。悬崖是上部突出中间凹进的地貌,其等高线如图 7-8 所示。

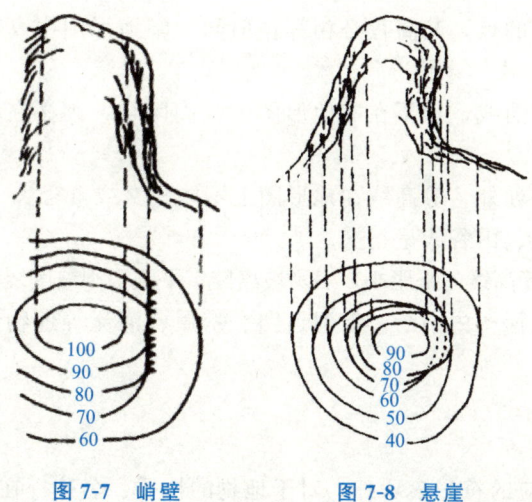

图 7-7 峭壁　　图 7-8 悬崖

(5)其他地貌。地面上由于各种自然和人为的原因而形成的形态还有雨裂、冲沟、陡坎等，这些形态用等高线难以表示，可参照《地形图图式》(GB/T 20257)规定的符号配合使用。

熟悉了典型地貌的等高线特征，就容易识别各种地貌。图 7-9 所示是某地区综合地貌示意图及其对应的等高线图，可仔细对照阅读。

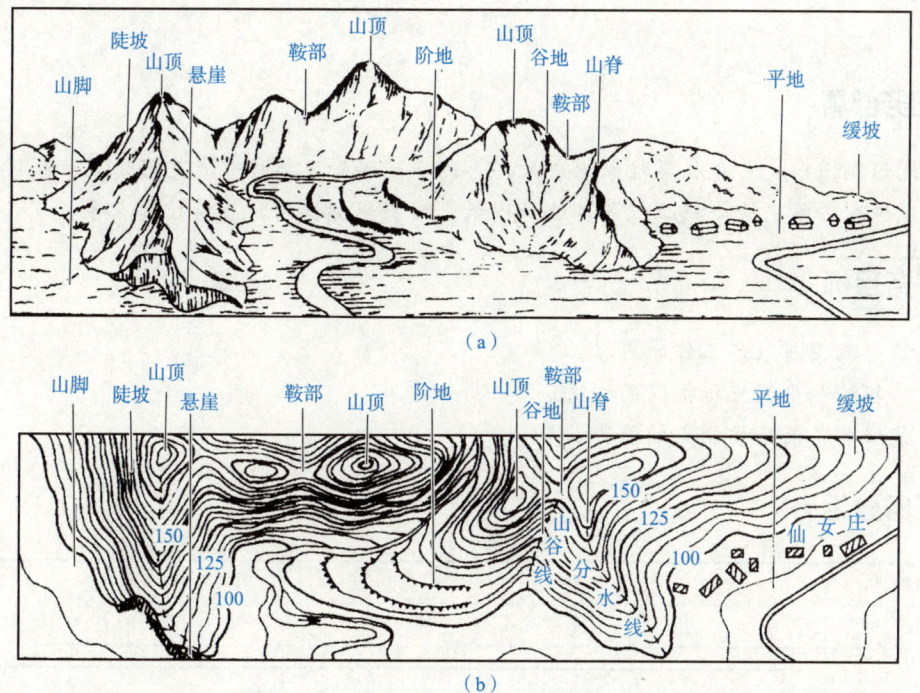

(a)

(b)

图 7-9　某地区综合地貌及对应的等高线

(a)综合地貌；(b)地貌

5. 等高线的特性

根据等高线的原理和典型地貌的等高线，等高线的特性可概括如下：

(1)同一条等高线上的点,其高程必相等;但同一幅地形图中高程相等的点,并非一定在同一条等高线上。

(2)等高线均是闭合曲线,如不在本地形图图幅内闭合,则必在图外闭合,故等高线必须延伸到图幅边缘。

(3)除在悬崖或峭壁处外,等高线在地形图上不能相交或重合。

(4)等高线与山脊线、山谷线呈正交。

(5)一幅地形图中,等高线的平距小,表示坡度陡,平距大则坡度缓,即平距与坡度成反比。

(6)等高线不能在地形图内中断,但遇道路、房屋、河流等地物符号和注记处可以局部中断。

五、注记

有些地物除了用相应的符号表示外,对于地物的性质、名称等在图上还需要用文字和数字加以注记。文字注记如地名、路名、单位名等,数字注记如房屋层数,等高线高程,河流的水深、流速等。

任务二　测图前的准备

任务部署

在地形测图前,首先收集控制点成果,再到实地踏勘了解控制点完好情况和测区地形概况,拟定施测方案,检查校正仪器,选择图纸,绘制坐标格网,展绘控制点等。

任务目标

1. 了解测图前准备工作的内容。
2. 掌握绘制平面坐标格网的方法。
3. 能够具备展绘控制点的能力。

任务分组

班级		组号		指导教师	
组长		学号			
组员	姓名	学号		姓名	学号

续表

任务分工	

获取资讯

引导问题1　测图前准备工作的内容有哪些？

引导问题2　展绘控制点的方法有哪些？

任务计划与决策

每个学生提出自己的计划和方案，经小组讨论比较，得出统一测量方案，教师审查每个小组的测量方案、工作计划并提出整改建议；各小组进一步优化方案，确定最终的测量工作方案。各小组将制订的工具计划及劳动力计划填入表7-5和表7-6。

表7-5　工具计划表

工具名称	规格	单位	数量	备注

表7-6　劳动力计划表

人员姓名	工作任务	备注

任务实施

1. 仪器准备：绘图尺、白纸、丁字尺和记录表等。
2. 熟悉平面坐标格网的内容。
3. 确定展绘控制点的方法。
4. 在平面图纸上进行绘制。
5. 利用给定假设坐标，进行相关数据的计算和绘制。

评价反馈

完成任务后，学生自评，并完成表 7-7。

表 7-7 学生自评表

班级：　　　　　　姓名：　　　　　　学号：

任务二	测图前的准备		
评价内容	评价标准	分值	得分
平面图绘制准备工作	能完成平面坐标网格的绘制任务	50	
	掌握展绘控制点的方法	50	

项目相关知识点

一、选择绘图纸

为保证测图的质量，应选择优质的绘图纸，图幅大小一般为 50 cm×50 cm、40 cm×40 cm。临时性测图，可直接将图纸固定在图板上进行测绘；需要长期保存的地形图，为减少图纸的伸缩变形，通常将其裱糊在铝板或胶合板上。目前大多采用聚酯薄膜代替绘图纸，其厚度为 0.07～0.1 mm，表面打毛，可直接在底图上着墨复晒蓝图，如果表面不清洁，还可用水洗涤，具有透明度好、伸缩性小、牢固耐用等特点，但易燃、易折和老化，故在使用保管过程中应注意防火、防折。

二、绘制平面坐标格网

为了准确地展绘图根控制点，首先要在图纸上绘制 10 cm×10 cm 的平面坐标格网。绘制坐标格网可采用坐标格网尺法或对角线法。

1. 坐标格网尺法

坐标格网尺是专门用于绘制格网和展绘控制点的金属尺，如图 7-10 所示。它由温度膨胀系数很小的合金钢制成，尺上每隔 10 cm 有一方孔，每孔四个孔壁中三个是竖直的，一个壁为斜面。用坐标格网尺绘制坐标格网的步骤如图 7-11 所示。

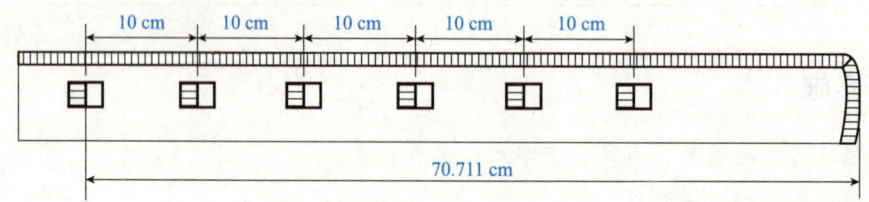

图 7-10 坐标格网尺

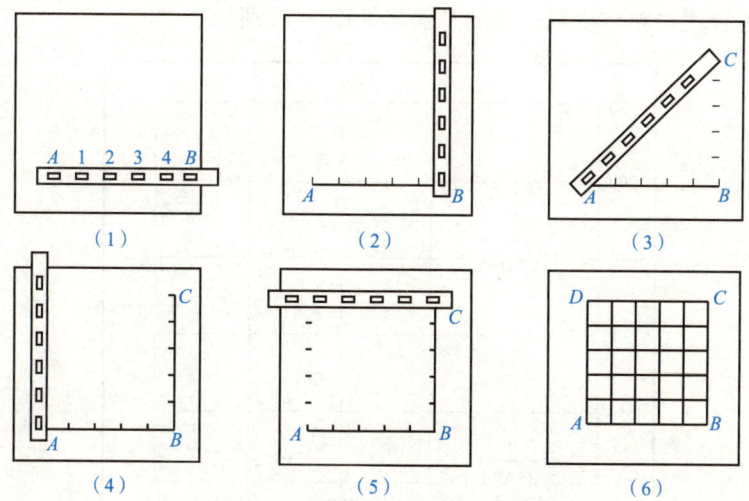

图 7-11 用坐标格网尺绘制坐标格网

2. 对角线法

如图 7-12 所示，用直尺在图纸上绘出两条对角线，以交点 M 为圆心沿对角线量取等长线段，线段长度大于 (70.711/2) cm，得到 A、B、C、D 点，并连接四个点得到矩形 ABCD。再从 A、D 两点起各沿 AB、DC 方向每隔 10 cm 定一点，从 A、B 两点起各沿 AD、BC 方向每隔 10 cm 定一点，连接矩形对边上的相应点，即得坐标格网。

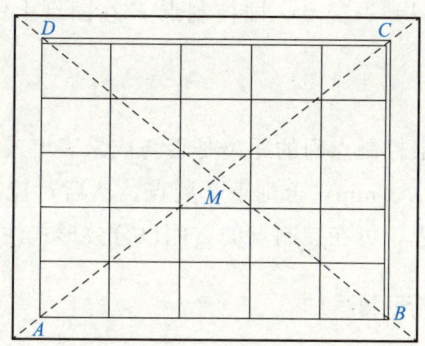

图 7-12 对角线法

坐标格网是测绘地形图的基础，每一个方格的边长都应该准确，纵横格网线应严格垂直，因此，绘制好坐标格网后，要进行格网边长和垂直度的检查。每一个小方格的边长检查，可用比例尺量取，其值与 10 cm 的误差不应超过 ±0.2 mm；每一个小方格对角线长度与 14.14 cm 的误差不应超过 ±0.3 mm。方格网垂直度的检查，可用直尺检查格网的交点是否在同一直线上，其偏离值不应超过 ±0.2 mm。如检查值超限，应重新绘制方格网。

三、展绘控制点

1. 标注坐标格网线的坐标值

根据控制点的最大和最小坐标值来确定坐标格网线的坐标值，使控制点位于图纸上的适当位置。坐标值要注在相应格网边线的外侧，如图 7-13 所示。

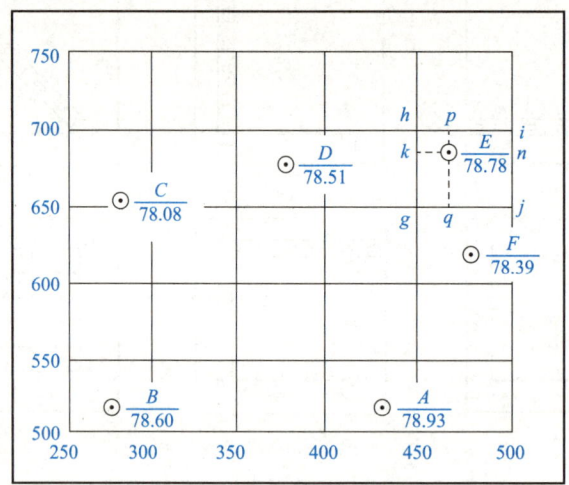

图 7-13　坐标格网线

2. 展绘控制点

根据控制点的坐标，确定控制点所在的方格，展绘其位置。如图 7-13 中，E(683.20，465.80)应在方格 $ghij$ 中，分别从 g、j 往上用比例尺截取 33.20 m(683.20－650＝33.20)，得 k、n 两点；分别由 g、h 往右用比例尺截取 15.80 m(465.80－450＝15.80)，得 p、q 两点；分别连接 k、n 和 p、q 得到一交点，即控制点 E 在图纸上的位置。同法可展绘其他图根点的位置。

3. 展绘控制点的检查

用比例尺量取各相邻图根控制点间的距离是否与成果表上或与控制点坐标反算的距离相符，其差值在图上不得超过 0.3 mm，否则重新展点。然后对控制点注记点名和高程。图纸上的控制点要注记点名和高程，可在控制点的右侧以分数形式注明，分子为点名，分母为高程，如图 7-13 中 B 点注记为 $\dfrac{B}{78.60}$。

任务三　碎部测量和地形图的成图

任务部署

准备相关仪器，熟悉碎部点测量的主要内容。明确碎部点的选择，同时具备绘制草图的能力，利用全站仪展开碎部测量，测得距离和角度，展开平面图的碎部点测量。同时也可以测得该点坐标进行展绘。掌握地形图成图的步骤和方法，并对碎部点的数据进行分析，展绘平面图。

项目七　地形图测绘与应用

任务目标

1. 了解碎部测量的步骤和方法。
2. 掌握碎部点的选择方法。
3. 掌握碎部测量的方法。
4. 了解地形图成图的步骤和方法。
5. 掌握地形图的拼接与检查方法。
6. 能够进行地形图的整饰与清绘。

任务分组

班级		组号		指导教师	
组长		学号			
组员	姓名		学号	姓名	学号
任务分工					

获取资讯

引导问题 1　碎部点的选择方法有哪些？
引导问题 2　碎部测量的方法有哪些？
引导问题 3　地形图成图的步骤和方法是什么？
引导问题 4　地形图的拼接方法有哪些？

任务计划与决策

每个学生提出自己的计划和方案，经小组讨论比较，得出统一测量方案，教师审查每个小组的测量方案、工作计划并提出整改建议；各小组进一步优化方案，确定最终的测量工作方案。各小组将制订的工具计划和劳动力计划填入表7-8和表7-9。

表7-8 工具计划表

工具名称	规格	单位	数量	备注

表7-9 劳动力计划表

人员姓名	工作任务	备注

任务实施

1. 仪器准备：全站仪、皮尺、绘图板、记录表等。
2. 熟悉碎部点测量的主要内容。
3. 碎部点的选择。
4. 绘制草图。
5. 利用全站仪展开碎部测量，测得距离和角度，展开平面图的碎部点测量。同时也可以测得该点坐标进行展绘。
6. 掌握地形图成图的步骤和方法，并对碎部点的数据进行分析，展绘平面图。

评价反馈

完成任务后，学生自评，并完成表7-10。

表7-10 学生自评表

班级：　　　　　姓名：　　　　　学号：

任务三	碎部测量和地形图的成图			
评价内容	评价标准	分值	得分	
碎部点测量	掌握碎部点的选择方法	25		
	掌握碎部测量的方法	25		
地形图成图	掌握地形图成图的步骤和方法	25		
	地形图的拼接方法	25		

项目七 地形图测绘与应用

项目相关知识点

一、选择碎部点

碎部测量就是以控制点为测站,测定其周围碎部点的平面位置和高程,并按规定的图式符号绘制成图。在较大的测区测图,地形图是分幅测绘的。测完图后,还需要对图幅进行拼接、检查与整饰,方能获得符合要求的地形图,为便于规划设计、工程施工等,还需要对所绘制的地形图进行复制。

碎部点分为地物点和地貌点。碎部测量的精度和速度与司(立)尺员能否合理地选择碎部点有着密切的关系,司尺员必须了解测绘地形图有关的技术要求,掌握地形的变化规律,并能根据测图比例尺的大小和用图目的等,对碎部点进行综合取舍,然后立尺,如图 7-14 所示。

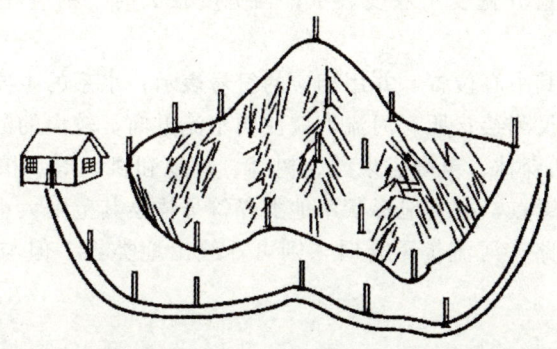

图 7-14 碎部点的选择

1. 地物点的选择

反映地物轮廓和几何位置的点称为地物特征点,简称地物点。如独立地物的中心点,线状和带状地物的中心线或边线及块状地物的边界线上的起点、终点、转折(弯)点、坡度变化点、交(分)叉点等都是地物特征点。在地形图测绘中,应根据地物轮廓线的情况,做到"直稀、曲密",正确合理地选择地物点。现结合各类地物予以说明。

(1)居民地。居民地测绘根据所需测图比例尺的不同,在综合取舍方面也不一样。对于居民区的外轮廓,应准确测绘,其内部的主要街道以及较大的空地应予以区分。对散列式的居民地、独立房屋应分别测绘。

测绘房屋时,因为房角一般是 90°,所以仅需在长边的两个房角立尺,再量出房宽即可。但为了校核,有时还需要在第三个房角上立尺。如房屋有凸凹情况,可根据测图比例尺进行取舍,图上小于 0.4 mm 的凸凹部分可以舍去不测。若凸凹部分较大,也仅需要在几个角点上立尺,再直接量取有关的宽度和长度即可。

(2)道路。道路包括铁路、公路、大车路和人行小路等,它们均属于线状地物,除交叉口外,都是由直线和曲线组成。其特征点主要是直线和曲线的连接点和曲线上的变化点,直线部分立尺点可少些,曲线及岔道部分立尺点就要密一些,当图上弯曲部分小于 0.4 mm

109

时，不立尺。

铁路和公路一般测其中心线，并测量其实际宽度。根据测图比例尺，如宽度在图上不能按比例表示，则根据所测中心线的位置按图式符号表示。有时道路除在图上表示平面位置外，还必须测注适当数量的高程点。

(3)管线。架空管线，在转折处的支架塔柱应实测，位于直线部分的，可用档距长度在图上以图解法确定。塔柱上有变压器时，变压器的位置按其与塔柱的相应位置绘出。电线和管道用规定的符号表示。

(4)水系。水系包括河流、湖泊、水库、沟渠、池塘和井、泉等。河流、湖泊、水库是要测出水涯线(水面与地面的交线)还是洪水位(历史上最高水位的位置)或平水位(常年一般水位的位置)，应根据用图单位的要求并在调查研究的基础上进行测绘。

当图上河流、沟渠的宽度不超过 0.5 mm 时，可在其中心线的转折点、弯曲点、会合点、分岔点、变坡点和起点、终点上立尺，并用单线表示。当图上宽度大于 0.5 mm 时，可在一边的岸线上立尺，量取宽度用双线表示；当宽度较大时，则应在两边岸线的特征点上立尺。

泉眼、水井应测出其中心位置，并用相应的符号表示；水系的主要附属物，如水闸、水坝、堤岸等，应逐一立尺测绘；所有河流均应注明水流方向，较大的河流还应注记名称。

(5)植被。植被包括森林、苗圃、果园、树林、草地和耕地等。植被的测绘主要是测定各类植被边界线上的轮廓点，按实地形状用地类界符号描绘其范围大小，再加注植物符号和说明。如果地类界与道路、河流等重合时，则可不绘出地类界，但与境界、高压线等重合时，地类界应移位绘出。

2. 地貌点的选择

地貌虽千姿百态、错综复杂，其基本形态可归纳为山地、丘陵地、盆地、平地。地貌可近似地看作由许多形状、大小、坡度方向不同的斜面所组成，这些斜面的交线称为地貌特征线，通常叫地性线，如山脊线、山谷线是主要的地性线。山脊线或山谷线上变换方向之点为方向变换点，方向变换点之间的连线叫作方向变换线；由两个倾斜度不同坡面的交线叫作倾斜变换线。地性线上的坡度变化点和方向改变点、峰顶、鞍部的中心、盆地的最低点等都是地貌特征点，简称地貌点。

为了能详尽地表示地貌形态，除对明显的地貌特征点必须选测外，还需在其间保持一定的立尺密度，使相邻立尺点间的最大间距不超过表 7-11 中的规定。

表 7-11 地貌点间距表

测图比例尺	立尺点最大间隔/m
1∶500	15
1∶1 000	30
1∶2 000	50
1∶5 000	100

二、经纬仪测图

经纬仪测图是将经纬仪安置在测站上,测定测站到碎部点与导线边的夹角及其距离和高差,绘图板安置在旁边,边测边绘。该方法简单灵活,不受地形限制,适用于各类测区。具体操作方法如下。

1. 安置仪器

如图 7-15 所示,经纬仪安置在测站(控制点)A 上,量取仪器高 i,记入碎部测量记录手簿。绘图板安置在旁边。

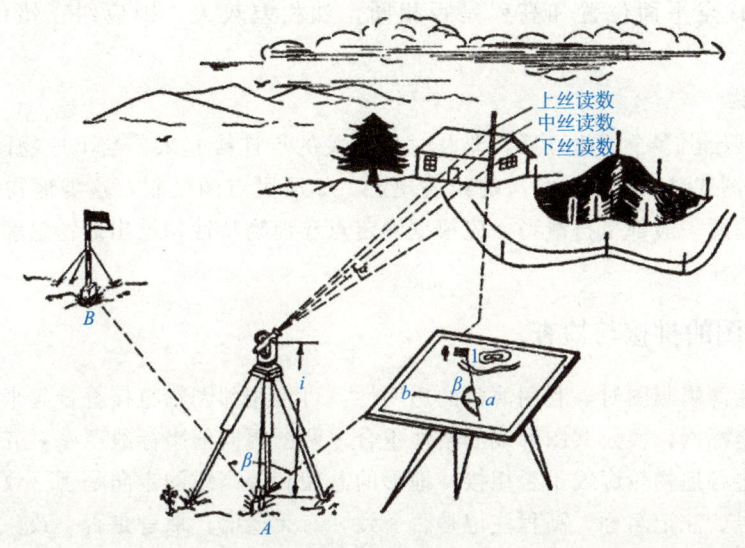

图 7-15 经纬仪测图

2. 定向

经纬仪瞄准另一控制点 B,调整水平度盘读数为 $0°00'00''$,作为起始方向即零方向。

3. 跑尺

在地形特征点(碎部点)上立尺的工作通常称为跑尺。跑尺点的位置、密度、远近及跑尺的方法影响成图的质量和功效。跑尺前,跑尺员应弄清实测范围和实地情况,并与观测员、绘图员共同商定跑尺路线,依次将视距尺立置于地物、地貌特征点上。

4. 观测

转到照准部,瞄准碎部点上的视距尺,读取上、中、下三丝的读数,转动竖盘指标水准管微动螺旋,使竖盘指标水准管气泡居中,读取竖盘读数,最后读取水平度盘读数,分别记入碎部测量记录手簿。对于有特殊作用的碎部点,如房角、山头、鞍部等,应在备注中加以说明。

5. 计算

根据上、下丝读数算得视距间隔 l,由竖盘读数算得竖角 α,利用视距公式计算水平距离 D 和高差 h,并根据测站的高程算出碎部点的高程,分别记入碎部测量记录手簿。

6. 展绘碎部点

用细针将量角器的圆心插在图上测站点 A 处，如图 7-15 所示，转动量角器，将量角器上等于水平角值的刻划线对准起始方向线，此时量角器的底边便是碎部点方向，然后用测图比例尺按测得的水平距离在该方向上定出碎部点的位置。当水平角值小于 180°时，应沿量角器底边右面定点；当水平角值大于 180°时，应沿量角器底边左面定点，并在点的右侧注明其高程，字头朝北。

同法，测出其余各碎部点的平面位置与高程，展绘于图上，并随测随绘。为了检查测图质量，仪器搬到下一测站时，应先观测前站所测的某些明显碎部点，以检查由两个测站测得的该点平面位置和高程是否相同，如相差较大，则应纠正错误，再继续进行测绘。

7. 绘制地物

当图纸上展绘出多个地物点后，要及时将有关的点连接起来，绘出地物图形。绘制时，要依据《地形图图式》(GB/T 20257)的相关规定。如居民点的绘制，这类地物都具有一定的几何形状，外轮廓一般都呈折线型，应根据测定点和地物特性勾绘出地物轮廓，并由图式样式进行填充或标注。

三、地形图的拼接与检查

当采用聚酯薄膜测图时，利用薄膜的透明性，可将相邻图幅直接叠合起来进行拼接。首先按图廓点和坐标网，使公共图廓线严格地重合，两图幅同值坐标线严密对齐；然后仔细观察拼接线上两边各地物轮廓线是否相接，地形的总貌和等高线的走向是否一致，等高线是否接合，各种符号、注记名称、高程注记是否一致，有无遗漏，取舍是否一致。若接边误差符合要求，可将接边误差平均配赋在相邻两幅图内，即两图幅各改正一半。改正直线地物时，应将相邻图幅中直线的转折点或直线两端的地物点以直线连接。改正等高线位置时，应顾及连接后的平滑性和协调性，这样才能使地物轮廓线或等高线合乎实地形状，自然流畅地接合。

四、地形图的检查

1. 室内检查

观测和计算手簿的记载是否齐全、清楚和正确，各项限差是否符合规定；图上地物、地貌的真实性、清晰性和易读性，各种符号的运用、名称注记等是否正确，等高线与地貌特征点的高程是否符合，有无矛盾或可疑的地方，相邻图幅的接边有无问题等。如发现错误或疑点，做好记录，然后到野外进行实地检查修改。

2. 外业检查

首先进行巡视检查，以室内检查为依据，按预定的巡视路线，进行实地对照查看；然后再进行仪器设站检查。巡视检查主要查看原图的地物、地貌有无遗漏，勾绘的等高线是否合理，符号、注记是否正确等。如果发现错误太多，应进行补测或重测。

五、地形图的整饰与清绘

1. 地形图的整饰

当原图经过拼接和检查后,要进行整饰,使图面更加合理、清晰、美观。整饰应遵循先图内后图外、先地物后地貌、先注记后符号的原则进行。

(1)用橡皮擦掉不必要的点、线、符号、文字和数字注记,对地物、地貌按规定符号描绘。

(2)文字注记应该在适当位置,既能说明注记的地物和地貌,又不遮盖符号。一般要求字头朝北,河流名称、等高线高程等注记可随线状弯曲的方向排列,高程的注记应注于点的右方,字体要端正清楚。一般居民地名用宋体或等线体,山名用长等线体,河流、湖泊用左斜体。

(3)画图廓边框,注记图名、图号,标注比例尺、坐标系统及高程系统、测绘单位、测绘日期等。图上地物及等高线的线条粗细、注记字体大小均按规定的图式进行绘制。

2. 地形图的清绘

在整饰好的铅笔原图上用绘图笔进行清绘。一般清绘的次序为图廓、注记、控制点、独立地物、居民地、道路、水系、建筑物、植被、地类界、地貌等。

如用聚酯薄膜测图,在清绘前先把图面冲洗干净,晾干后才可清绘。清绘时,划线接头处一定要等先画好的划线干后再连接,以免搞脏图面。绘图笔移动的速度要均匀,使划线粗细一致。若清绘有误,可用刀片刮去,用沙橡皮轻轻擦毛后再清绘。

任务四　地形图的应用

任务部署

本任务的内容是地形图应用的基本内容和基本方法,为工程设计提供基本方法知识。测绘地形图的目的是使用地形图和解决工程建设中的问题。通过本任务的学习,要掌握在地形图上确定点的坐标、高程、两点之间距离、直线的方位角、地面坡度、区域面积等测量元素的求算方法,了解和熟悉地形图在工程建设中的应用问题。

任务目标

1. 掌握在地形图上确定点的坐标、高程、两点之间距离、直线的方位角的方法。
2. 掌握选择拟定坡度的最短路线,绘制指定方向的断面图。
3. 能够测算图形的面积。

任务分组

班级		组号		指导教师	
组长		学号			
组员	姓名	学号	姓名	学号	
任务分工					

获取资讯

引导问题1　如何确定点的坐标、高程？

引导问题2　如何确定两点之间距离、直线的方位角？

任务计划与决策

每个学生提出自己的计划和方案，经小组讨论比较，得出统一测量方案，教师审查每个小组的测量方案、工作计划并提出整改建议；各小组进一步优化方案，确定最终的测量工作方案。各小组将制订的工具计划及劳动力计算填入表7-12和表7-13。

表7-12　工具计划表

工具名称	规格	单位	数量	备注

表 7-13　劳动力计划表

人员姓名	工作任务	备注

任务实施

1. 准备一套绘制完成的地形图和绘图工具。
2. 熟悉地形图的图例内容。
3. 确定地形图的比例尺和正北方向。
4. 依次展开地形图的坐标、高程、距离、方位角等数据的采集和计算。
5. 相关数据的测量计算，并绘制数据表格做记录。

评价反馈

完成任务后，学生自评，并完成表 7-14。

表 7-14　学生自评表

班级：　　　　　　　　　姓名：　　　　　　　　　学号：

任务四	地形图的应用		
评价内容	评价标准	分值	得分
地形图的应用	掌握点的坐标、高程的计算方法	50	
	掌握两点之间距离、直线的方位角的计算方法	50	

项目相关知识点

一、求算点的平面位置

1. 求图上点的平面直角坐标

如图 7-16 所示，平面直角坐标格网的边长为 100 m，P 点位于 a、b、c、d 所组成的坐标格网中，欲求 P 点的直角坐标，可以通过 P 点作平行于直角坐标格网的直线，交格网线于 e、f、g、h 点。用比例尺(或直尺)量出 ae 和 ag 两段长度分别为 27 m、29 m，则 P 点的直角坐标为

$$x_p = x_a + D_{ae} = 21\,100 + 27 = 21\,127 \text{ m} \quad (7\text{-}2)$$

$$y_p = y_a + D_{ag} = 32\,100 + 29 = 32\,129 \text{ m} \quad (7\text{-}3)$$

2. 求图上点的地理坐标

在求某点的地理坐标时，首先根据地形图内、外图廓中的分度带，绘出经纬度格网，接

115

着作平行于该格网的纵、横直线，交于地理坐标格网，然后按照求算直角坐标的方法即可计算出点的地理坐标。

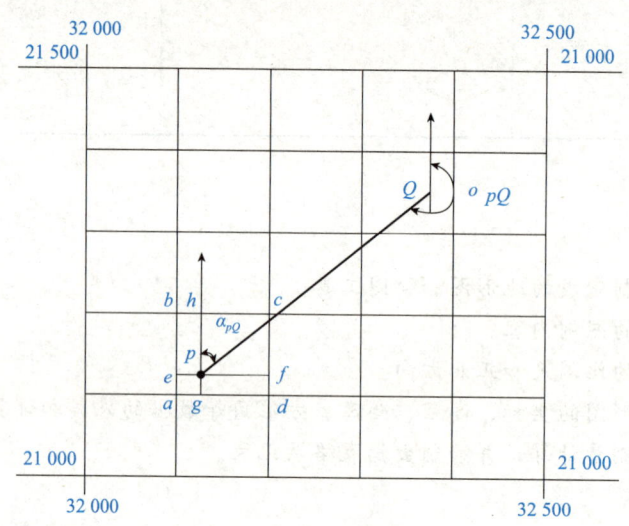

图 7-16　求图上点的平面直角坐标

二、求算两点间的距离及方向

1. 求算两点间的距离

（1）根据两点的平面直角坐标计算。欲求图 7-16 中 P、Q 两点间的距离，可先求算出 P、Q 的平面直角坐标 (x_P, y_P) 和 (x_Q, y_Q)，然后再利用下式计算：

$$D_{PQ} = \sqrt{(x_Q - x_P)^2 + (y_Q - y_P)^2} \tag{7-4}$$

（2）根据数字比例尺计算。当精度要求不高时，可使用直尺在图 7-16 上直接量取 P、Q 两点的长度，再乘以地形图比例尺的分母，即得两点的距离。

（3）根据测图比例尺直接量取。为了消除图纸的伸缩变形给计算距离带来的误差，可以在图 7-16 上用两脚规量取 P、Q 间的长度，然后与该图的直线比例尺进行比较，也可得出两点间的距离。

2. 求图上两点间的方位角

（1）根据两点的平面直角坐标计算。欲求图 7-16 中直线 P、Q 的坐标方位角 α_{PQ}，可由 P、Q 的平面直角坐标 (x_P, y_P) 和 (x_Q, y_Q) 得到：

$$\alpha_{PQ} = \arctan \frac{y_Q - y_P}{x_Q - x_P} \tag{7-5}$$

求得的 α_{PQ} 在平面直角坐标系中的象限位置，将由 $(x_Q - x_P)$ 和 $(y_Q - y_P)$ 的正、负符号确定。

（2）用量角器直接量取。如图 7-16 所示，若求直线 P、Q 的坐标方位角 α_{PQ}，当精度要求不高时，可以先过 P 点作一条平行于坐标纵线的直线，然后用量角器直接量取坐标方位角 α_{PQ}。

三、求算点的高程

根据地形图上的等高线，可确定任一地面点的高程。如果地面点恰好位于某一等高线上，则根据等高线的高程注记或基本等高距，便可直接确定该点高程。如图 7-17 所示，P 点的高程为 20 m。

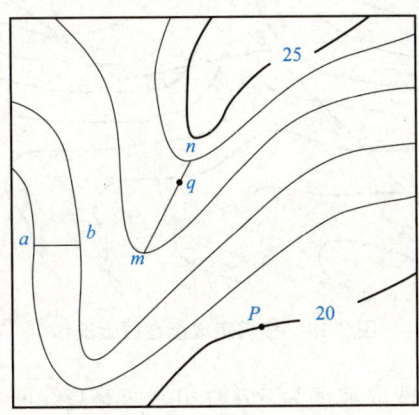

图 7-17　求图上点的高程

在图 7-17 中，当确定位于相邻两等高线之间的地面点 q 的高程时，可以采用目估的方法确定。更精确的方法是，先过 q 点作一条直线，与相邻两等高线相交于 m、n 两点，再依高差和平距成比例的关系求解。若图 7-17 中的等高线基本等高距为 1 m，mn、mq 的长度分别为 20 mm 和 16 mm，则 q 点高程 H_q 为

$$H_q = H_m + \frac{mq}{mn} \cdot h = 23 + \frac{16}{20} \times 1 = 23.8 \text{(m)} \tag{7-6}$$

如果要确定图上任意两点间的高差，则可采用该方法分别确定两点的高程后，将两者的高程相减即得。

四、求算地面坡度

如图 7-16 所示，欲求 a、b 两点之间的地面坡度，可先求出两点的高程 H_a、H_b，计算出高差 $h_{ab} = H_b - H_a$，然后再求出 a、b 两点的水平距离 D_{ab}，按下式即可计算地面坡度：

$$i = \frac{h_{ab}}{D_{ab}} \times 100\% \tag{7-7}$$

或

$$\alpha_{ab} = \arctan \frac{h_{ab}}{D_{ab}} \tag{7-8}$$

五、选择拟定坡度的最短路线

如图 7-18 所示，地形图的等高距为 1 m，设其比例尺为 1∶2 000。现根据园林道路工程

规划，需在该地形图上选出一条由车站 A 至某工地 D 的最短线路，并且要求在该线路任何处的坡度都不超 5%，操作步骤如下：

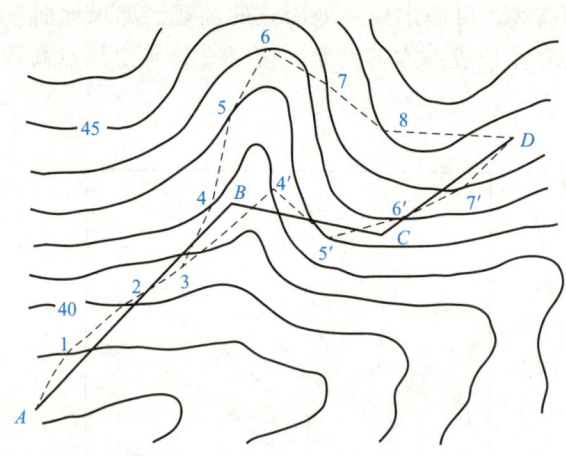

图 7-18　按规定坡度在图上选线

（1）将两脚规在坡度尺上截取坡度为 5% 时相邻两等高线间的平距，也可以按下式计算相邻等高线间的图上最小平距：

$$d = \frac{1}{iM} = \frac{1}{0.05 \times 2\,000} = 0.01(\text{m}) = 1\text{ cm} \tag{7-9}$$

（2）用两脚规以 A 为圆心，以 1 cm 为半径画弧，与 39 m 等高线交于点 1；再以 1 为圆心，以 1 cm 为半径画弧，与 40 m 等高线交于点 2；依此方法，直到 D 点为止。将各点连接即得限制坡度的路线 A—1—2—3—4—5—6—7—8—D。

这里还会得到另一条路线，即在点 3 之后，将 2—3 直线延长，与 42 m 等高线交于点 4′，3、4′两点距离大于 1 cm，故其坡度不会大于规定坡度 5%，再从点 4′开始按上述方法选出 A—1—2—3—4′—5′—6′—7′—D 的路线。

（3）图 7-18 中，设最后选择 A—1—2—3—4′—5′—6′—7′—D 为设计线路，按线路设计要求，将其去弯取直后，设计出图上线路导线 A—B—C—D。

六、绘制指定方向的断面图

如图 7-19 所示，ABCD 为一越岭线路，依次交等高线于 1、2、3 等点，需沿此方向绘纵断面图。其操作步骤如下：

（1）如图 7-19 所示，在绘图纸（或毫米方格纸）上绘出两垂直的直线，横轴表示距离，纵轴表示高程。

（2）在地形图上，从 A 点开始，沿线路方向量取两相邻等高线间的平距（图中点 2、6 和点 8、12 分别为 B 点、C 点处曲线的起点和终点，在图中也应表示出来），按一定比例尺（可以是地形图比例尺，也可另定一个比例尺）将各点依次绘在横轴上，得 A、1、2、…、15、D 点的位置。

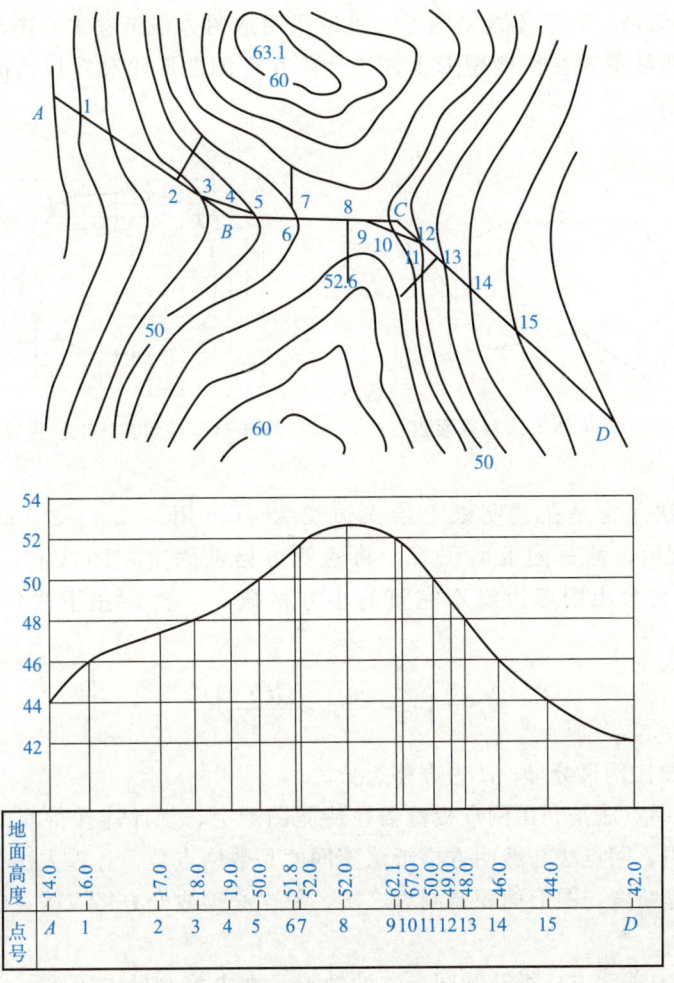

图 7-19　绘制地形断面图

（3）再从地形图上求出各点高程，按一定比例尺（一般比距离比例尺大 10 或 20 倍）绘在横轴相应各点向上的垂线上。

（4）将相邻垂线上的高程点用平滑的曲线（或折线）连接起来，即得路线 ABCD 方向的纵断面图。

七、测算图形的面积

1. 图解法

（1）几何图形法。如图 7-20 所示，当欲求面积的边界为直线时，可以把该图形分解为若干个规则的几何图形，如三角形、梯形或平行四边形等，然后量出这些图形的边长，就可以利用几何公式计算出每个图形的面积。将所有图形的面积之和乘以该地形图比例尺分母的平方，即为其实地面积。

（2）透明方格纸法。对于不规则图形，可以采用透明方格纸法求算图形面积。通常使用绘有方格网的透明纸覆盖在待测图形上，统计落在待测图形轮廓线以内的方格数来测算面积，如图 7-21 所示。

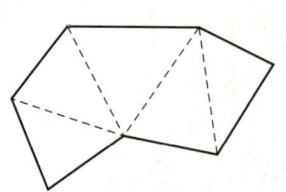

图 7-20　几何图形法测算面积

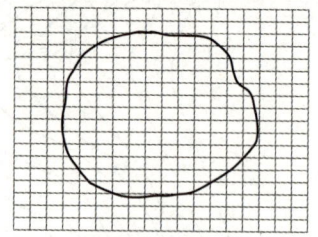

图 7-21　透明方格纸法测算面积

透明方格纸法通常是在透明纸上绘出边长为 d（可用 1 mm、2 mm、5 mm）的小方格，如图 7-21 所示，测算图上面积时，将透明方格纸固定在图纸上，先数出图形内完整小方格数 n_1，再数出图形边缘不完整的小方格数 n_2，然后按下式计算整个图形的实际面积 S：

$$S = \left(n_1 + \frac{n_2}{2}\right) \cdot \frac{(d \cdot M)^2}{10^6} \tag{7-10}$$

式中，M 为地形图比例尺分母；d 为方格边长。

（3）网点法。网点法是利用网点板覆盖在待测图形上，统计落在待测图形轮廓线以内的网点数来测算面积。网点法与透明方格纸法不同的是数网点数，计算方法相同。

为了提高测算精度，图形面积要测算 3 次，每次必须改变方格或网点的位置，最后取其平均值作为结果。

（4）平行线法。透明方格纸法和网点法的缺点是数方格和网点困难，为此，可以使用透明平行线法。在透明模片上制作相等间隔的平行线，如图 7-22 所示。测算时把透明模片放在欲量测的图形上，使整个图形被平行线分割成许多等高的梯形，设图中梯形的中线分别为 L_1、L_2、…、L_n，量其长度大小，则所测算的面积 S 为

$$S = h(L_1 + L_2 + \cdots + L_n) = h\sum_{i=1}^{n} L_i \tag{7-11}$$

2. 解析法

如果图形为任意多边形，并且各顶点的坐标已知，则可以利用坐标计算法精确求算该图形的面积。如图 7-23 所示，各顶点按照逆时针方向编号，则面积 S 为

$$S = \frac{1}{2}\sum_{i=1}^{n} x_i(y_{i-1} - y_{i+1}) \tag{7-12}$$

式中：当 $i=1$ 时，y_{i-1} 用 y_n 代替；当 $i=n$ 时，y_{i+1} 用 y_1 代替。

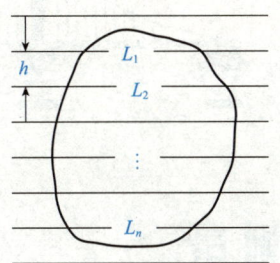 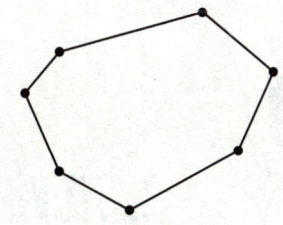

图 7-22　平行线法测算面积　　　图 7-23　坐标计算法测算面积

地形图的绘制方法　　　　　　地形图的识读和应用

地形图的相关知识　　　　　　地形图绘制的相关工作

项目八

道路中线测量

任务描述

道路中线测量是道路工程建设的重要环节，按照工程进度要求，道路中线测量几乎贯穿着整个施工全过程。道路中线测量工作任务类型多，工作量大，也是道路工程质量控制的重要手段之一。本项目详细介绍了道路中线测量的主要内容，要求学生掌握交点测设、转角和里程桩的设置、曲线测设的流程；简要介绍了道路中桩各点坐标计算的方法。

学习目标

通过本项目的学习，学生应该能够：
1. 在没有教师直接指导的情况下独立根据任务要求完成交点测设并能绘制测设草图。
2. 在没有教师直接指导的情况下独立根据任务要求完成道路转角和主点里程桩的设置。
3. 在没有教师直接指导的情况下独立根据任务要求完成道路圆曲线的主点和详细测设。
4. 在没有教师直接指导的情况下独立根据任务要求完成道路缓和曲线的主点测设。
5. 了解道路中桩各点坐标计算的方法。

任务一 交点测设

任务部署

每组随机选定一种交点测设方法，根据指导教师提供的数据进行交点测设。

任务目标

1. 掌握放点穿线法定交点的计算和测设过程。
2. 掌握拨角放线法定交点的计算和测设过程。

任务分组

班级		组号		指导教师	
组长		学号			

组员	姓名	学号	姓名	学号

任务分工	

获取资讯

引导问题1　何谓交点？交点测设有哪些方法？

引导问题2　何谓转点？有何作用？

任务计划与决策

每个学生提出自己的计划和方案，经小组讨论比较，得出统一测量方案，教师审查每个小组的测量方案、工作计划并提出整改建议；各小组进一步优化方案，确定最终的测量工作方案。

任务实施

1. 准备全站仪、水准尺、记录板、小铁钉、锤子、油漆、写桩笔、记录表等。
2. 熟悉交点测设内容。
3. 数据计算。根据选定的交点测设方法，在表8-1中将相关数据计算、记录并绘制草图。
4. 定交点。根据选定的交点测设方法和计算数据，进行交点的测设，在地面上打桩，对交点进行标记。

表 8-1 成果记录表

数据计算	
草图绘制	

评价反馈

完成任务后，学生自评，并完成表 8-2。

表 8-2 学生自评表

班级：　　　　　　姓名：　　　　　　学号：

任务一	交点测设		
评价内容	评价标准	分值	得分
完成时间	30 min 内完成全部操作任务得 30 分，拖延 1 min 扣 5 分	30	
内业计算与草图	计算正确、记录工整、草图清晰明了得 50 分，错误一处扣 5 分	50	
团队协作	有责任心，积极主动配合，认真完成所承担的个人任务，共 20 分	20	

项目相关知识点

交点指的是公路路线的转折点，用"JD"表示。对于一般低等级的公路而言，通常采用直接定测的方法直接放线，将路线的交点位置标定在现场。对于高等级的公路或地形复杂的地段，一般采用纸上定线的方法。纸上定线需要在道路选线范围内布设导线，利用大比例尺的地形图或航测图，进行选线定线工作。需要把地形图上设计好的路线交点坐标等点位放样到现场，结合现场实际情况，将交点位置标定下来。这个过程一般采用放点穿线法和拨角放线法。

一、放点穿线法

放点穿线法是以道路控制点或导线点为参考，放样出设计路线的直线段上的点，然后将放样出的直线上的点连接起来并延长相交，得到交点。具体步骤如下：

1. 数据计算

如图 8-1 所示,根据导线控制点和设计路线,从导线点出发作出导线边和垂线并延长到设计路线,得到交点 A_1、A_2、A_3、$\cdots$、A_6 等点,量取垂线长度 L_1、L_2、L_3、$\cdots$、L_6。

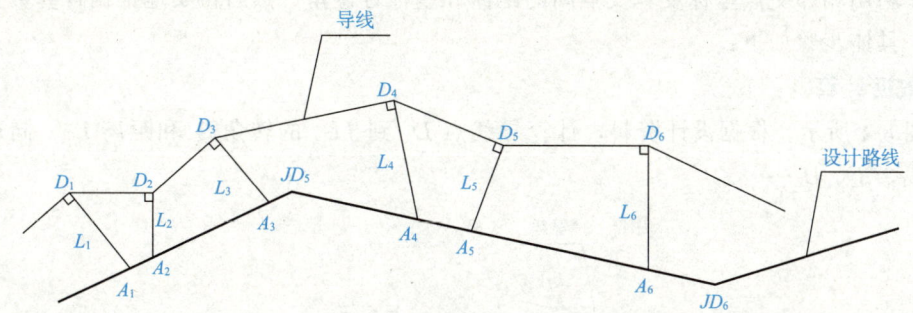

图 8-1 放点穿线法数据计算

2. 穿线

在实地根据导线边和垂线长定出 A_1、A_2、A_3、$\cdots$、A_6 等点。由于量取误差等原因,放出的同一边的点不可能完全都在同一直线上,采取目测或仪器将放样出来的点尽可能多地穿过或接近同一直线,这一过程称为穿线。在穿出的直线上找到通视条件较好的位置设立两个控制桩,这种过渡的桩称为转点桩。同时去掉其他临时桩,如图 8-2 所示。

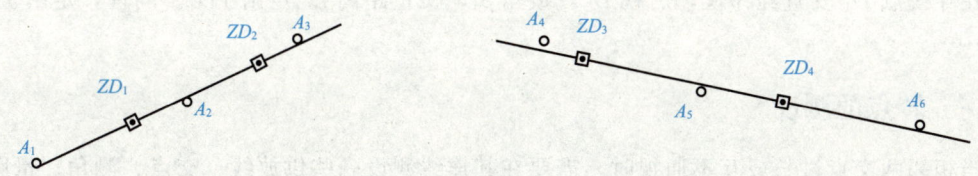

图 8-2 放点穿线法定转点

3. 交点

当相邻两条直线的方向标定后,延长两条直线,进行交会定点。如图 8-3 所示,ZD_1、ZD_2、ZD_3、ZD_4 是穿线的转点。将经纬仪安置在 ZD_2,瞄准 ZD_1,在 ZD_1 和 ZD_2 的延长线上用正倒镜分中法标定骑马桩的位置 a 和 b,在桩顶钉设小铁钉;同理在另外一条直线 ZD_3 上安置经纬仪,用正倒镜分中法延长直线与 ab 相交,在相交处打桩标定,此点即为两条直线的交点 JD。

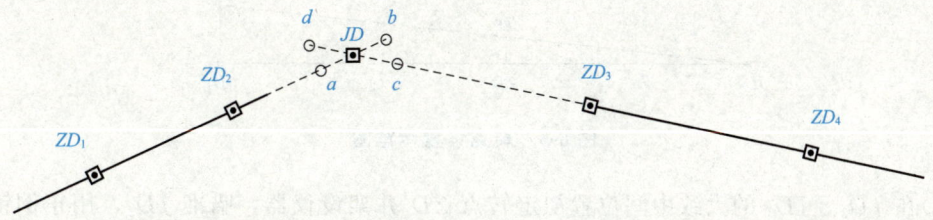

图 8-3 放点穿线法骑马桩定交点

二、拨角放线法

拨角放线法实际上是一种按极坐标放样原理标定交点的方法。首先在图纸上图解出交点的坐标,利用相邻交点坐标反算交点间的距离和坐标方位角,然后再实地根据计算数据来标定交点。具体步骤如下:

1. 数据计算

如图 8-4 所示,根据设计资料,计算导线点 D_1 到 JD_4 的转角 β_0 和距离 L_1,同理计算出 β_1、L_1、β_2、L_2……

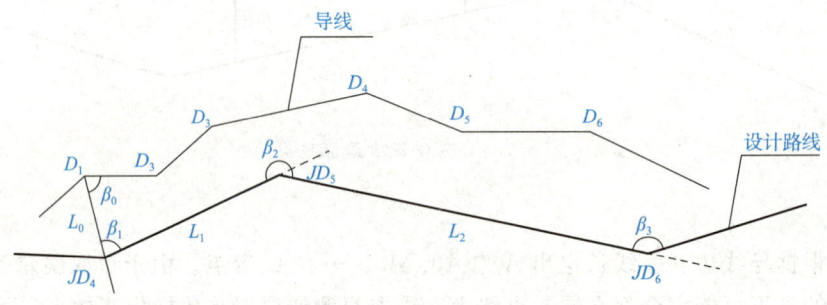

图 8-4 拨角放线法

2. 放点

在导线点 D_1 安置经纬仪,后视 D_2,拨角 β_0,丈量距离 L_0 定出 JD_4。同理,定出 JD_5、JD_6……

三、转点的测设

当相邻两交点过长或互不通视时,需要在其连线测设一些供放线、交点、测角、量距时照准之用的点,叫作转点,用"ZD"表示。转点根据位置不同分为两种:一种是在两交点间的转点,一种是在两交点延长线上的转点。

如图 8-5 所示,在两交点间的转点的测设步骤如下:

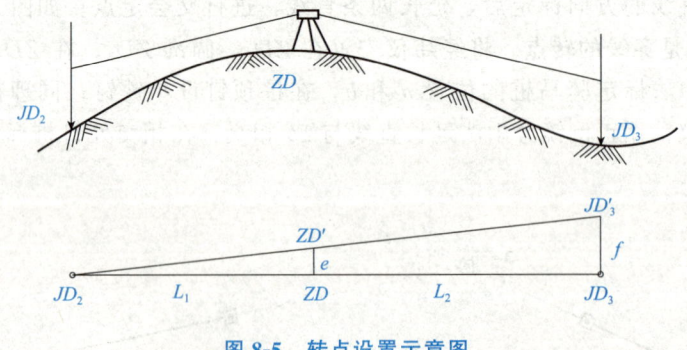

图 8-5 转点设置示意图

(1)在 JD_2、JD_3 的大致中间位置初定转点 ZD' 并架设仪器,瞄准 JD_2,用正倒镜分中法定出 JD_3'。

(2) 用视距法测量出距离 L_1、L_2、f。
(3) 计算 ZD' 横移距离 e。
(4) 实地量取 e，得 ZD 点。在 ZD 点架仪，检查三点是否在一直线上。

任务二　转角和里程桩的测设

任务部署

路线转角和里程桩是道路中线重要的测设内容，测设的内容可作为道路路线设计和中线放样的依据。

任务目标

1. 掌握路线转角的测定方法。
2. 掌握里程桩设置的全过程。
3. 通过任务驱动，加深学生对路线转角、里程桩、加桩、断链桩等概念的理解。

任务分组

班级		组号		指导教师	
组长		学号			
组员	姓名		学号	姓名	学号
任务分工					

获取资讯

引导问题1 什么是路线的转角？如何确定路线是左转角还是右转角？

引导问题2 何谓里程桩？里程桩有哪些种类？

任务计划与决策

每个学生提出自己的计划和方案，经小组讨论比较，得出统一测量方案，教师审查每个小组的测量方案、工作计划并提出整改建议；各小组进一步优化方案，确定最终的测量工作方案。

任务实施

1. 仪器准备：全站仪、皮尺、记录表、木桩、写桩笔等。
2. 熟悉路线转角和里程桩测量内容。
3. 转角采用右角观测方法，在表8-3中做好记录，绘制草图，进行转角计算。
4. 采用全站仪定向，配合皮尺丈量距离，每隔20 m进行直线段整桩的设置。
5. 打桩、写桩。

表8-3 成果记录表

数据计算	
草图绘制	

评价反馈

完成任务后，学生自评，并完成表8-4。

表8-4 学生自评表

班级： 姓名： 学号：

任务二	转角和里程桩的测设		
评价内容	评价标准	分值	得分
完成时间	30 min内完成全部操作任务得30分，拖延1 min扣5分	30	
内业计算与草图	计算正确、记录工整、草图清晰明了，得50分，错误一处扣5分	50	
团队协作	有责任心，积极主动配合，认真完成所承担的个人任务，共20分	20	

项目相关知识点

一、路线转角的测定

在路线转折处,即交点位置,为了测设曲线方便,需要测定转折角。转折角简称转角,指的是沿着路线从左到右前进方向,从路线一个方向偏转到另一个方向时,偏转方向与原来方向的夹角,一般用 α 表示。如图 8-6 所示,当偏转后方向位于原方向的右侧时,叫作右转角,用 α_y 表示;当偏转后方向位于原方向的左侧时,叫作左转角,用 α_z 表示。在公路测量中,转角通常通过观测路线的右角 β 后计算所得。

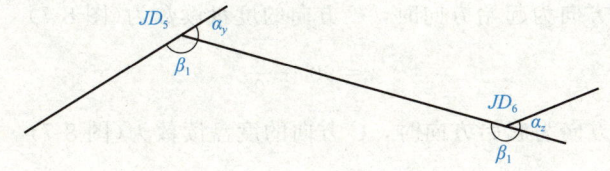

图 8-6 路线转角

1. 转角的测定

如图 8-7 所示,右角 β 的观测方法如下:

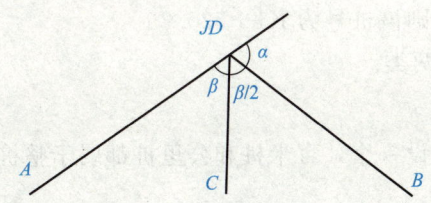

图 8-7 道路路线角平分线

(1)右角 β 的半测回角值为

$$\beta_上 = 后视读数_上 - 前视读数_上 \tag{8-1}$$

若后视读数小于前视读数,则应将后视读数加上 360°,则式(8-1)变为

$$\beta_{上,下} = 后视读数 + 360° - 前视读数 \tag{8-2}$$

(2)一测回的观测角值为

$$\beta_右 = \frac{\beta_上 + \beta_下}{2} \tag{8-3}$$

2. 转角的计算

当 $\beta_右 < 180°$ 时,为右转角,有:

$$\alpha_y = 180° - \beta_右 \tag{8-4}$$

当 $\beta_右 > 180°$ 时,为左转角,有:

$$\alpha_z = \beta_右 - 180° \tag{8-5}$$

3. 角分线方向

若角度的两个方向值的后视读数为 a、前视读数为 b，则角分线方向的读数为

$$c=\frac{a+b}{2} \tag{8-6}$$

右转角：

$$c=b+\frac{\beta}{2} \tag{8-7}$$

左转角：

$$c=b+\frac{\beta}{2}+180° \tag{8-8}$$

当以 A-JD 边的方向为起始方向时，C 方向的度盘读数为（图 8-7）

$$c=90°+\frac{\alpha}{2} \tag{8-9}$$

当以 JD-B 边的方向为起始方向时，C 方向的度盘读数为（图 8-7）

$$c=90°-\frac{\alpha}{2} \tag{8-10}$$

二、里程桩的设置

里程桩又称中桩，桩上写有桩号，表示该桩至路线起点的水平距离。若某中桩距离路线起点的距离为 1 520.25 m，则该桩号为 K1+520.25。

里程桩分为整桩和加桩两类。

1. 整桩

整桩每隔 20 m 或 50 m 设一个，百米桩和公里桩都属于整桩，一般情况下要求设置。

2. 加桩

加桩分为地形加桩、地物加桩、地质加桩、曲线加桩和断链加桩等。

(1)地形加桩：沿中线地面起伏突变处、横向坡度变化处及天然河沟处等均应设置的里程桩。

(2)地物加桩：沿中线在人工构造物处（如拟建桥梁、涵洞、隧道、挡土墙等构造物处路线与其他公路、铁路、渠道、高压线、地下管道等交叉处，拆迁建筑物处，占用耕地及经济林的起终点处）均应设置的里程桩。

(3)曲线加桩：曲线上设置的起点、中点、终点桩。

(4)地质加桩：沿路线在土质变化处及地质不良地段的起、终点处要设置的里程桩。

(5)断链加桩：由于局部改线或事后发现距离错误等致使路线的里程不连续桩号与路线的实际里程不一致，为说明该情况而设置的桩。

里程桩书写方法为：新桩号－原桩号＝断链长度，正值称为长链，负值称为短链（图 8-8）。

对于交点桩、转点桩、路线起终点、重要地物加桩及曲线起点、中点、终点桩等应打下断面为 6 cm×6 cm 的方桩，桩顶露出地面约 2 cm，在桩顶钉一小钉表示点位，在距方桩 20 cm 左右设置指示桩，如图 8-9 所示，指示桩上书写方桩的名称、桩号及编号。在直线上

指示桩应打在路线的同一侧，交点桩的指示桩应钉在圆心和交点连线方向的外侧，字面朝向交点；曲线主点桩的指示桩均钉在曲线外侧，字面朝向圆心。其余里程桩可以不设方桩，直接将桩钉在点位上，一般多用(1.5~2)cm×5 cm×30 cm 的板桩或竹桩，一半露出地面，以便书写桩号与编号。

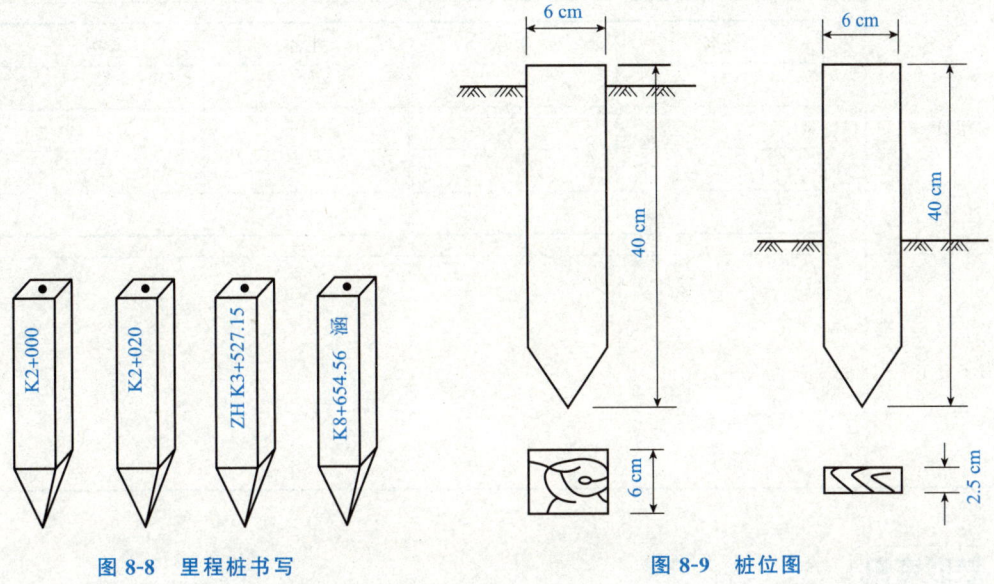

图 8-8　里程桩书写　　　　　图 8-9　桩位图

任务三　圆曲线的测设

任务部署

圆曲线是道路平面线形三要素之一，是道路中线交点处的平曲线的主要几何线形。圆曲线测设的准确性严重影响道路工程路线施工控制的质量。常用的圆曲线测设方法有切线支距法和偏角法。根据指导教师提供的路线数据，学生分组完成任务，要求采用切线支距法完成圆曲线主点的测设，采用整桩法，每 5 m 设一桩。完成圆曲线主点桩号的计算、数据记录、草图绘制，进行主点桩号的测设。

任务目标

1. 掌握圆曲线主点测设元素的计算。
2. 掌握圆曲线主点桩号的计算。
3. 掌握圆曲线主点桩号测设的方法。

任务分组

班级		组号		指导教师	
组长		学号			
组员	姓名	学号	姓名	学号	
任务分工					

获取资讯

引导问题 1　简述圆曲线主点测设过程。

引导问题 2　如何用整桩号法和整桩距法设置曲线的中桩？

引导问题 3　切线支距法和拨角法测设步骤是什么？

任务计划与决策

每个学生提出自己的计划和方案，经小组讨论比较，得出统一测量方案，教师审查每个小组的测量方案、工作计划并提出整改建议；各小组进一步优化方案，确定最终的测量工作方案。

任务实施

1. 仪器准备：全站仪、皮尺、科学计算器、记录表、小钢钉、写桩笔等。
2. 熟悉圆曲线测设的内容。
3. 根据已知数据，完成圆曲线主点桩号的计算，做好记录，绘制草图。
4. 根据选定的测设方法，进行加桩要素的计算，做好记录(表8-5)。
5. 切线支距法：根据计算的局部坐标，采用全站仪定向，配合皮尺距离丈量，进行圆曲线测设；偏角法：根据计算的弦长和偏角，采用全站仪定向，配合皮尺距离丈量，进行圆曲线测设。
6. 钉桩、写桩。

表 8-5　成果记录表

任务原始数据							
起点坐标	交点坐标	终点坐标	转角		半径/m	交点里程	
^	^	^	左	右	^	^	

(一)主点测设元素计算

(二)主点里程计算

(三)切线支距法(整桩号)各桩要素计算表

曲线桩号/m	ZY(YZ)至整桩的曲线长/m	圆心角 $\varphi_i/°$	切线支距法坐标

(四)偏角法(整桩号)各桩要素计算表

桩号	曲线长 l_i	偏角值 Δ_i	偏角读数	弦长 C_i

评价反馈

完成任务后，学生自评，并完成表 8-6。

表 8-6 学生自评表

班级：　　　　姓名：　　　　学号：

任务三	圆曲线的测设		
评价内容	评价标准	分值	得分
完成时间	30 min 内完成全部操作任务得 30 分，拖延 1 min 扣 5 分	30	
内业计算与草图	计算正确、记录工整、草图清晰明了，得 50 分，错误一处扣 5 分	50	
团队协作	有责任心，积极主动配合，认真完成所承担的个人任务，共 20 分	20	

项目相关知识点

圆曲线是由具有一定半径的圆弧曲线构成，是平面线形中常用的曲线形式。圆曲线的测设一般先定出曲线主点，然后在主点的基础上进行详细测设，加密曲线上的中桩点位，在地面上完整地标定整个曲线的位置。

一、圆曲线主点测设

如图 8-10 所示，在交点 JD 处的转角为 α，圆曲线半径为 R。

1. 圆曲线要素计算

切线长：

$$T = R \tan \frac{\alpha}{2} \qquad (8\text{-}11)$$

曲线长：

$$L = R\alpha \frac{\pi}{180°} \qquad (8\text{-}12)$$

外距：

$$E = R\left(\sec \frac{\alpha}{2} - 1\right) \qquad (8\text{-}13)$$

切曲差：

$$D = 2T - L \qquad (8\text{-}14)$$

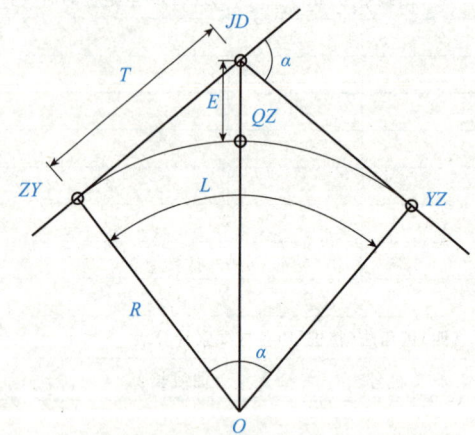

图 8-10 圆曲线的几何要素

2. 主点里程计算

交点 JD 的里程已由中线丈量时获得，圆曲线主点里程根据交点里程和曲线要素进行计算：

$$\begin{array}{r}JD\\-)\,T\\\hline ZY\\+)\,L\\\hline YZ\\-L/2\\\hline QZ\\+)\,D/2\\\hline JD(校核)\end{array}$$

(8-15)

3. 主点测设

将仪器安置在交点上，瞄准交点或此方向的转点，沿此方向量取切线长 T，可得曲线起点 ZY，从交点沿前视方向量取切线长 T，可得曲线终点 YZ，最后沿分角线方向量取外距 E，即得曲线中点 QZ，在测设主点上的控制桩时应进行校核，并保证一定的精度。

4. 二圆曲线详细测设

在中桩测设时，如果曲线较长，地形变化较大，为了满足曲线线型和工程施工的需要，在曲线上还需对桩位进行加密测设，称为曲线的详细测设。对于曲线详细测设的桩间距，有如下规定：

当 $R \geqslant 100$ m 时，$l_0 = 20$ m。

当 $30 \text{ m} \leqslant R < 100 \text{ m}$ 时，$l_0 = 10$ m。

当 $R < 30$ m 时，$l_0 = 5$ m。

按桩距 l_0 在曲线上设桩，通常有两种方法：

(1) 整桩号法。将曲线上靠近起点（ZY）的第一个桩的桩号凑整成为大于 ZY 点桩号的 l_0 的最小倍数的整桩号，然后按桩距 l_0 连续向曲线终点 YZ 设桩，这样设置的桩号为整桩号。

(2) 整桩距法。从曲线起点 ZY 或终点 YZ 开始，分别以桩距 l_0 连续向曲线中点 QZ 设桩，这样设置的桩均为零桩号，因此应注意加设百米桩和公里桩。

一般公路中线测量时，选用整桩号法，当曲线半径较大时，桩间距可以更长。确定桩距后，进行加密点测设，常用方法有两种：切线支距法、偏角法。

(1) 切线支距法。切线支距法是以曲线起点 ZY 或终点 YZ 为坐标原点，以切线为 x 轴，以过原点的半径为 y 轴，根据曲线上各点的坐标（x、y）进行测设，故又称直角坐标法。此方法的特点是测点误差不积累；宜以 QZ 为界，将曲线分两部分进行测设。

如图 8-11 所示，P_1、P_2、$\cdots$、P_i 为曲线上的待测点，待测点到 ZY 点的桩间距为 l（弧长），其对应的圆心角为 φ，则任意待测点 P_i 的坐标计算公式为

$$x = R\sin\varphi_i \tag{8-16}$$

$$y = R(1 - \cos\varphi_i) \tag{8-17}$$

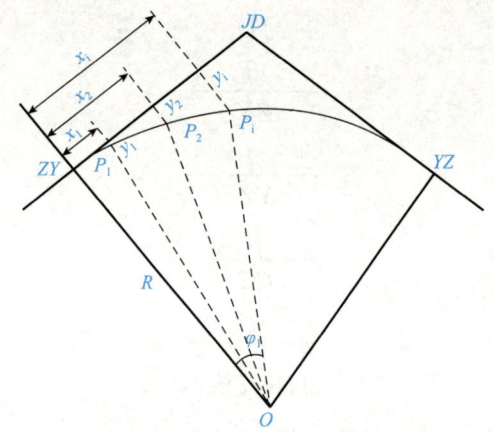

图 8-11 切线支距法

$$\varphi_i = \frac{l_i}{R}\frac{180°}{\pi} \tag{8-18}$$

测设时,为了避免支距 y 过大,一般由曲线两端向中间设置,其步骤如下:

沿切线方向,由 ZY 或 YZ 开始用卷尺量取 x 值,得到垂足点,在各垂足点作垂线方向,量取 y 值,即可定出曲线点 P。

【例 8-1】 设某单圆曲线偏角 $\alpha = 34°12'00''$,$R=200$ m,主点桩号为 ZY:K4+906.90,QZ:K4+966.59,YZ:K5+026.28,按每 20 m 设一个桩号的整桩号法,计算各桩的切线支距法坐标。

解:①主点测设元素计算:
$T=61.53$ m;$L=119.38$ m;$E=9.25$ m;$D=3.68$ m。

②主点里程计算:
ZY=K4+906.90;QZ=K4+966.59;
YZ=K5+026.28;JD=K4+968.43(检查)
ZY=K4+906.90;QZ=K4+966.59;
YZ=K5+026.28;JD=K4+968.43(检查)。

③切线支距法(整桩号)各桩要素的计算:

各要素的计算见表 8-7。

表 8-7 切线支距法(整桩号)各桩要素的计算

曲线桩号/m	ZY(YZ)至整桩的曲线长/m	圆心角 φ_i/(°)	切线支距法坐标 X_i/m	切线支距法坐标 Y_i/m
ZY K4+906.90	4 906.9	0	0	0
K4+920	4 920	13.1	3.752 873 558	13.090 635	0.428 871 637
K4+940	4 940	33.1	9.482 451 509	32.949 104	2.732 778 823
K4+960	4 960	53.1	15.212 029 46	52.478 356	7.007 714 876
QZ K4+966.59	—	—	—	—	—

续表

曲线桩号/m	ZY(YZ)至整桩的曲线长/m	圆心角 φ_i/(°)	切线支距法坐标 X_i/m	Y_i/m
K4+980	4 980	46.28	13.258 243 38	45.868 087	5.330 745 523
K5+000	5 000	26.28	7.528 665 428	26.204 44	1.7241 131 51
K5+020	5 020	6.28	1.799 087 477	6.278 968 1	0.098 587 899
YZ K5+026.28	50 26.28	0	0	0	0

注：表中曲线长 l_i 为各个里程桩与 ZY 或 YZ 的差值。

(2)偏角法。偏角法建立的直角坐标系与切线支距法相同。偏角法是从圆曲线起点 ZY 或终点 YZ 至曲线任一点 P_i 的弦线与切线 T 之间的弦切角（称为偏角）Δ_i 和弦长 C_i 来确定 P_i 点的位置。

如图 8-12 所示，根据几何原理，偏角 Δ_i 等于相应弧长所对的圆心角 φ 的一半，即

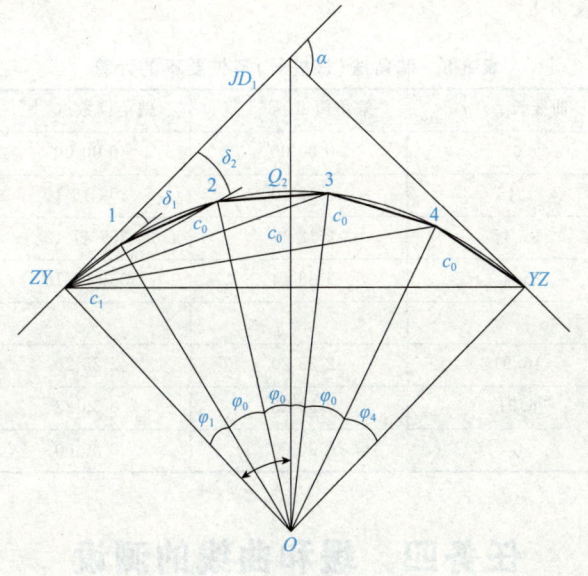

图 8-12　偏角法示意图

$$\Delta_i = \frac{\varphi_i}{2} \tag{8-19}$$

$$\varphi_i = \frac{l_i}{R} \frac{180°}{\pi} \tag{8-20}$$

$$\Delta_i = \frac{l_i}{R} \frac{90°}{\pi} \tag{8-21}$$

弦长计算公式：

$$C = 2R \frac{\varphi_i}{2} \tag{8-22}$$

偏角法测设时，将仪器安置在 ZY 点，瞄准 JD 方向，并将水平盘置零；转动照准部，

使水平度盘读数为放样点的偏角值,锁定方向,从 ZY 点沿着此方向量取放样点的弦长,定出放样点。

偏角法不仅可以在 ZY 点上测设曲线,而且还可在 YZ 或 QZ 点上测设,也可以在曲线上的任一点进行测设,这是一种测设精度较高,适用性较强的常用方法,但在用短弦偏角法时存在测点误差累积的缺点,宜从曲线两端向中点或由中点向两端测设曲线。

【例 8-2】 已知圆曲线的半径 $R=200$ m,左转角 15°,交点 JD 里程为 K10+110.88 m,按每 10 m 设一个整桩号,计算该圆曲线的主点及偏角法测设元素。

解:①主点测设元素计算:

$T=26.33$ m;$L=2.36$ m;$E=1.73$ m;$D=0.3$ m。

②主点里程计算:

$ZY=$K10+84.55;$QZ=$K10+110.73;

$YZ=$K10+136.91;$JD=$K10+110.88(检查)。

③偏角法(整桩号)各桩要素的计算:

各要素的计算见表 8-8。

表 8-8　偏角法(整桩号)各桩要素的计算

桩号	曲线长 l_i/m	偏角值 Δ_i/(° ′ ″)	偏角读数/(° ′ ″)	弦长 C_i/m
ZY K10+84.55	0	0°00′00″	0°00′00″	0
K10+90	5.45	0°46′50″	359°13′10″	5.45
K10+100	15.45	2°12′47″	357°47′13″	15.45
K10+110	25.45	3°38′44″	356°21′16″	25.43
QZ K10+110.73				
K10+120	16.91	2°25′20″	2°25′20″	16.91
K10+130	6.91	0°59′23″	0°59′23″	6.91
YZ K10+136.91	0	0°00′00″	0°00′00″	0

任务四　缓和曲线的测设

任务部署

缓和曲线是道路平面线形三要素之一,是道路中线交点处的平曲线主要几何线形。缓和曲线测设的准确性严重影响道路工程路线施工控制的质量。缓和曲线的详细测设方法有切线支距法和偏角法,与圆曲线详细测设类似。根据指导教师提供的路线数据,学生分组完成任务,进行缓和曲线主点计算,并进行主点桩的测设。

任务目标

1. 掌握缓和曲线主点桩的计算方法。

2. 掌握缓和曲线主点桩的测设方法。
3. 通过任务驱动，加深学生对不同测设方法的理解和应用能力。

任务分组

班级		组号		指导教师	
组长		学号			
组员	姓名	学号		姓名	学号
任务分工					

获取资讯

引导问题1　带缓和曲线的平曲线与单圆曲线的主点有何不同？测设元素有何区别？

引导问题2　缓和曲线采用什么几何线性？何谓缓和曲线切线角？

引导问题3　带缓和曲线的平曲线上中桩的详细测设步骤是什么？

任务计划与决策

每个学生提出自己的计划和方案，经小组讨论比较，得出统一测量方案，教师审查每个小组的测量方案、工作计划并提出整改建议；各小组进一步优化方案，确定最终的测量工作方案。

任务实施

1. 仪器准备：全站仪、皮尺、科学计算器、记录表、小钢钉、写桩笔等。
2. 熟悉缓和曲线测设的内容。
3. 根据已知数据，完成缓和曲线主点桩号的计算，做好记录，绘制草图(表8-9)。
4. 在 JD_i 架立全站仪，后视 JD_i-1，量取 TH，得 ZH 点；后视 JD_i+1，量取 TH，得 HZ 点；在分角线上量取 EH，得 QZ 点。分别在 ZH、HZ 点架全站仪，后视 JD_i 方向，量取 x_0，再在此方向垂直方向上量取 y_0，得 HY 和 YH 点。
5. 钉桩、写桩。

表8-9 成果记录表

任务原始数据
有一山岭区三级公路，某弯道 $R=420$ m，交点桩号 JD 为 K9+235.47，偏角为 $\alpha=40°54'36''$，设缓和曲线 $LH=80$ m，试计算该曲线的曲线要素及设置缓和曲线后的五个主点里程桩号。弯道半径假定要求：从第一组开始，每组半径增加 10 m。
(一)主点测设元素计算
(二)主点里程计算
草图绘制

评价反馈

完成任务后，学生自评，并完成表8-10。

表 8-10 学生自评表

班级： 姓名： 学号：

任务四	缓和曲线的测设		
评价内容	评价标准	分值	得分
完成时间	30 min 内完成全部操作任务得 30 分，拖延 1 min 扣 5 分	30	
内业计算与草图	计算正确、记录工整、草图清晰明了，得 50 分，错误一处扣 5 分	50	
团队协作	有责任心，积极主动配合，认真完成所承担的个人任务，共 20 分	20	

项目相关知识点

车辆在曲线上行驶，会产生离心力。为了减小离心力的作用，路面设计采用外高内低的单向横坡形式，称为超高。超高的大小用横向坡度表示。直线段的超高为 0，圆曲线的超高为 i_h，需要在直线与圆曲线之间插入一段曲率半径由无穷大逐渐变化至圆曲线半径的过渡曲线，此曲线为缓和曲线。缓和曲线的几何形式有回旋线、三次抛物线及双纽线等。我国一般采用回旋线作为缓和曲线。

如图 8-13 所示是缓和曲线的几何形态，缓和曲线的曲率半径随着曲线的增长而减小，即在回旋线上任意点的曲率半径 ρ 与曲线长 l 成反比。

$$c = R l_s \tag{8-23}$$

式中，l_s 为缓和曲线全长，$R = \rho$。

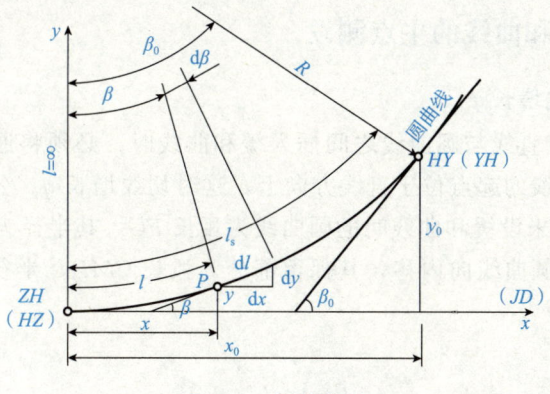

图 8-13 缓和曲线

一、缓和曲线基本公式

1. 切线角公式

设回旋线上任一点 P 的切线与起点 ZH 或 HZ 切线的交角为 β_i，该角值与 P 点至起点

曲线长 l 所对的圆心角相等。在 P 处取一微分弧段 $\mathrm{d}l$，所对的圆心角为 d_β，于是：

$$\mathrm{d}_\beta = \frac{\mathrm{d}l}{\rho} = \frac{l\mathrm{d}l}{c} \tag{8-24}$$

积分得

$$\beta = \frac{l^2}{2c} = \frac{l^2}{2Rl_s} \tag{8-25}$$

当 $l = l_s$ 时，β 以 β_0 表示，式(8-25)可以写成：

$$\beta_0 = \frac{l_s}{2R} \tag{8-26}$$

换算成角度为

$$\beta_0 = \frac{l_s}{2R} \cdot \frac{180°}{\pi} \tag{8-27}$$

β_0 是缓和曲线全长 l_s 所对应的中心角，即切线角，也称缓和曲线角。

2. 参数方程

当桩位在任意点处时的参数方程为

$$x = l - \frac{l^5}{40R^2 l_s^2} \tag{8-28}$$

$$y = \frac{l^3}{6Rl_s} - \frac{l^7}{336R^3 l_s^3} \tag{8-29}$$

当点位在 HY 点处时的参数方程为

$$x_0 = l_s - \frac{l_s^3}{40R^2} \tag{8-30}$$

$$y_0 = \frac{l_s^2}{6R} \tag{8-31}$$

二、平曲线带缓和曲线的主点测设

1. 内移距 p 和切线增长 q

如图 8-14 所示，在直线与圆曲线之间插入缓和曲线时，必须将原有的圆曲线向内移动距离 p，才能使缓和曲线的起点位于直线方向上，这时切线增长 q。公路上一般采用圆心不动的平行移动方法，即未设缓和曲线时的圆曲线为弧长 FG，其半径为 $(R+P)$，插入两段缓和曲线 AC 和 BD 后，圆曲线向内移，其保留部分为弧长 CMD，半径为 R，所对的圆心角为 $(\alpha - 2\beta_0)$。

通过计算化简得到：

$$p = \frac{l_s^2}{24R} \quad q = \frac{l_s}{2} - \frac{l_s^3}{240R^2} \tag{8-32}$$

2. 曲线主点测设元素的计算公式

切线长：

$$T_H = (R+P)\tan\frac{\alpha}{2} + q \tag{8-33}$$

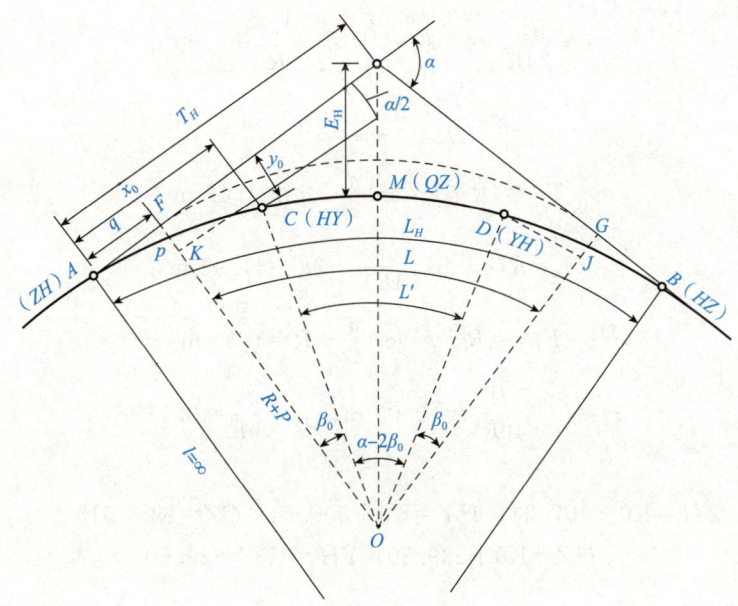

图 8-14 缓和曲线测设元素

曲线长:
$$L = R(\alpha - 2\beta_0)\frac{\pi}{180°} + 2l_s \tag{8-34}$$

圆曲线长:
$$L_y = R(\alpha - 2\beta_0)\frac{\pi}{180°} \tag{8-35}$$

外矢距:
$$E_H = (R+p)\sec\frac{\alpha}{2} - R \tag{8-36}$$

切曲差:
$$D_H = 2T_H - L_H$$

3. 主点的测设

(1)主点里程的计算。

$$ZH = JD - T_H \tag{8-37}$$
$$HY = ZH + l_s \tag{8-38}$$
$$QZ = ZH + L_H/2 \tag{8-39}$$
$$HZ = ZH + L_H \tag{8-40}$$
$$YH = HZ - l_s \tag{8-41}$$

(2)测设方法。主点 ZH、HZ 和 QZ 的测设方法与圆曲线主点测设方法相同,HY 和 YH 点的确定,用切线支距法测设。

【例 8-3】 如图 8-14 所示,设某公路的交点桩号为 K0+518.66,右转角 $\alpha_{右} = 180°018'36''$,圆曲线半径 $R=100$ m,缓和曲线长 $l_s = 10$ m,试测设主点桩。(作为实习课内容)

解:计算测设元素:

$$p=\frac{l_s^2}{24R}=0.04 \quad q=\frac{l_s}{2}-\frac{l_s^3}{240R^2}=5.00 \text{ m}$$

$$\beta=\frac{l_2}{2R}\times\frac{180°}{\pi}=2°51'53''$$

$$T_H=(R+P)\tan\frac{\alpha}{2}+q=21.12 \text{ m}$$

$$L=R(\alpha-2\beta_0)\frac{\pi}{180°}+2l_s=41.96 \text{ m}$$

$$E_H=(R+p)\sec\frac{\alpha}{2}-R=1.33 \text{ m}$$

$$x_0=l_s-\frac{l_s^3}{40R^2}=10.00 \text{ m}; \quad y_0=\frac{l_s^2}{6R}=0.17 \text{ m}$$

计算里程：

ZH=K0+497.54； HY=K0+507.54； QZ=K0+518.52；

HZ=K0+539.50； YH=K0+529.50

三、主点测设

(1)在 JD_i 架立仪，后视 JD_{i-1}，量取 T_H，得 ZH 点；后视 JD_{i+1}，量取 T_H，得 HZ 点；在分角线上量取 E_H，得 QZ 点。

(2)分别在 ZH、HZ 点架仪，后视 JD_i 方向，量取 x_0，再在此方向垂直方向上量取 y_0，得 HY 和 YH 点。

四、带有缓和曲线的圆曲线加密桩的详细测设

1. 切线支距法

切线支距法如图 8-15 所示。注意：点是位于缓和曲线上，还是位于圆曲线上。

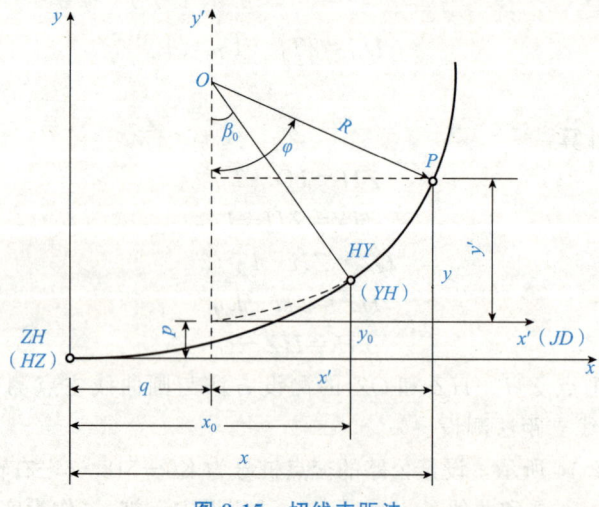

图 8-15 切线支距法

(1)当点位于缓和曲线上,得:

$$x=l-\frac{l^5}{40R^2l_s^2} \tag{8-42}$$

$$y=\frac{l^3}{6Rl_s}-\frac{l^7}{336R^3l_s^3} \tag{8-43}$$

(2)当点位于圆曲线上,得:

$$x=R\sin\varphi+q \tag{8-44}$$

$$y=R(1-\cos\varphi)+p \tag{8-45}$$

其中,$\varphi=\frac{l-l_s}{R}\times\frac{180°}{\pi}+\beta_0$,$l$ 为点到坐标原点的曲线长度。

(3)测设方法。可按无缓和曲线时的圆曲线切线支距法的测设方法进行测设。圆曲线上的各点也可以 HY 点或 YH 点为坐标原点,用切线支距法进行测设。

2. 偏角法

用偏角法详细测设带有缓和曲线的平曲线时,其偏角应分为缓和曲线段上的偏角和圆曲线上的偏角两部分进行计算。

(1)缓和曲线上点的测设。对于缓和曲线上各点,可将经纬仪置于 ZH 和 HZ 点进行测设,如图 8-16 所示。设缓和曲线上任意一点 P 的偏角为 δ,P 点至 ZH 或 HZ 的曲线长为 l,其弦长近似与曲线长相等,也为 l。

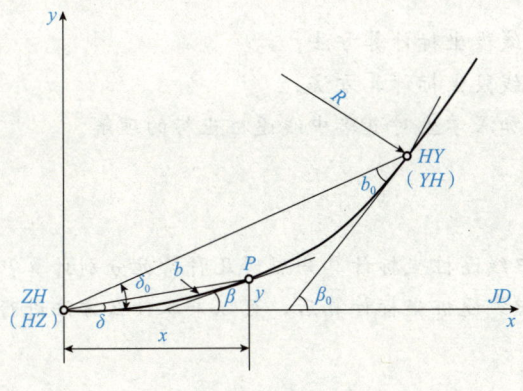

图 8-16 偏角法

由直角三角形得总偏角即 HY 点出的偏角,其值为常量:

$$\delta_0=\frac{l_s}{6R} \tag{8-46}$$

任意点偏角:

$$\delta_i=\frac{l^2}{l_s^2}\delta_0 \tag{8-47}$$

弦长:

$$c=l-\frac{l^5}{90R^2l_s^2} \tag{8-48}$$

(2)圆曲线段上各点的测设。仪器置于 HY 点或 YH 点上，这时应定出过 HY 点或 YH 点的切线方向。先计算 b_0，其计算公式如下：

$$b_0 = 2\delta_0 = \frac{l_s}{3R} \tag{8-49}$$

方法：架仪器于 HY 点（或 YH 点），后视 ZH 点（或 HZ 点），水平读盘配置在 b_0（当曲线右转时，配置 $360°-b_0$），转动照准部使水平读盘读数为 $0°00'00''$，并倒镜即找到了 HY 点的切线方向，再按单圆曲线偏角法进行测设。

任务五　道路中线逐桩坐标计算

任务部署

道路中线各个中桩的具体位置是通过中桩坐标的放样来确定的，所以中桩坐标的计算显得更为重要。中桩坐标计算的准确性是确保道路路线施工质量的重要手段。根据指导教师提供的路线数据，学生独立完成道路中线坐标的计算。

任务目标

1. 掌握道路中线直线段坐标计算方法。
2. 了解道路中线曲线段坐标计算方法。
3. 通过任务驱动，加深学生对道路中线逐桩坐标的理解。

获取资讯

引导问题1　道路中线逐桩坐标计算分成哪几种情况分别计算？
引导问题2　道路中线逐桩坐标计算后，可以采取什么方法进行中桩点位放样？

任务计划与决策

每个学生根据指导教师提供的数据信息，分步骤完成直线段和曲线段坐标计算。

任务实施

1. 仪器准备：科学计算器、记录表等。
2. 熟悉道路中线逐桩坐标计算的内容。
3. 根据已知数据，完成直线段道路逐桩坐标的计算，做好记录（表8-11）。
4. 根据已知数据，完成曲线段道路逐桩坐标的计算，做好记录（表8-11）。

表 8-11 成果记录表

任务原始数据(由指导教师确定)					
交点号	交点坐标		交点桩号	转角值	半径	缓和曲线
	N	E				

(一)道路中线直线段中桩坐标计算(任取一点)

(二)道路中线圆曲线段中桩坐标计算(任取一点)

(三)道路中线缓和曲线段中桩坐标计算(任取一点)

评价反馈

完成任务后,学生自评,并完成表 8-12。

表 8-12 学生自评表

班级: 姓名: 学号:

任务五	道路中线逐桩坐标计算		
评价内容	评价标准	分值	得分
完成时间	30 min 内完成全部计算任务得 50 分,拖延 1 min 扣 5 分	50	
内业计算与草图	计算正确、记录工整、草图清晰明了,得 50 分,错误一处扣 5 分	50	

项目相关知识点

公路路线平面线形由直线、圆曲线、缓和曲线相互连接组成。为了施工的便利,最好采用统一的坐标系统。下面介绍道路中线逐桩坐标的计算。

一、直线段道路中线逐桩坐标计算

如图 8-17 所示,JD_n 的坐标为 (X_n, Y_n),$JD_n \sim JD_{n+1}$ 的坐标方位角为 α_0,P 点在 JD_n

与 JD_{n+1} 的直线段上，则 P 点的坐标按下式求得：

$$X_p = X_n + [T_n + (L_i - L)] \cdot \cos\alpha_0 \tag{8-50}$$

$$Y_p = Y_n + [T_n + (L_i - L)] \cdot \sin\alpha_0 \tag{8-51}$$

式中：L_i、L 为 P 点和 YZ（或 HZ）点的里程桩号；T_n 为切线长。

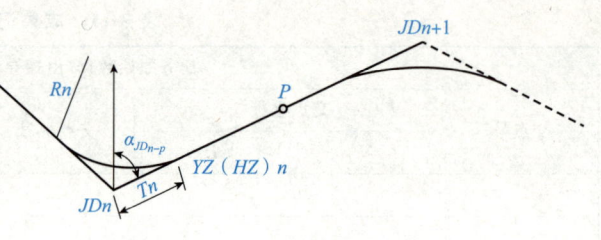

图 8-17　直线段中桩坐标计算

二、圆曲线段道路中线逐桩坐标计算

设 P 点至 ZY 或 YZ 的弧长为 L_i，R 为圆的半径，α_0 为 $JD_n \sim JD_{n+1}$ 的坐标方位角，则 P 点的坐标计算公式为

$$X = R\sin\left(\frac{L_i \times 180°}{R\pi}\right) \tag{8-52}$$

$$Y = R\left[1 - \cos\left(\frac{L_i \times 180°}{R\pi}\right)\right] \tag{8-53}$$

P 点的坐标转换公式为

$$X_P = X_{ZH} + X\cos\alpha_0 - Y\sin\alpha_0 \tag{8-54}$$

$$Y_P = Y_{ZH} + X\sin\alpha_0 + Y\cos\alpha_0 \tag{8-55}$$

三、带有缓和曲线平曲线段中线逐桩坐标计算

(1) 第一段缓和曲线部分，缓和曲线的参数方程为

$$x = l - \frac{l^5}{40R^2 l_s^2} \tag{8-56}$$

$$y = \frac{l^3}{6Rl_s} - \frac{l^7}{336R^3 l_s^3} \tag{8-57}$$

P 点转换为公路中线控制坐标系中的坐标为

$$X_P = X_{ZH} + x\cos\alpha_0 - y\sin\alpha_0 \tag{8-58}$$

$$Y_P = Y_{ZH} + x\sin\alpha_0 + y\cos\alpha_0 \tag{8-59}$$

(2) 圆曲线部分，P 点在圆曲线的坐标计算公式为

$$x = R\sin\varphi + q \quad y = R(1 - \cos\varphi) + p \tag{8-60}$$

$$\varphi = \frac{l_p - l_s}{R} \cdot \frac{180°}{\pi} + \beta_0 \tag{8-61}$$

利用坐标平移转换公式，将上式的局部坐标化为控制坐标系下的坐标计算为

$$X_P = X_{ZH} + x\cos(\alpha_0 + \beta_0) - y\sin(\alpha_0 + \beta_0) \tag{8-62}$$

$$Y_P = Y_{ZH} + x\sin(\alpha_0 + \beta_0) + y\cos(\alpha_0 + \beta_0) \tag{8-63}$$

其中，$\alpha_0 + \beta_0$ 为缓和曲线切线的方位角。

(3) 第二段缓和曲线的中桩坐标计算。

① 计算 P 点以 HZ 点为坐标原点的直角坐标系 $x''o''y''$ 中的坐标 (x''_p, y''_p)。

$$x''_p = l - \frac{l^5}{40R^2 l_s^2} \quad (8\text{-}64)$$

$$y''_p = \frac{l^3}{6Rl_s} - \frac{l^7}{336R^3 l_s^3} \quad (8\text{-}65)$$

②将 P 点的坐标 (x''_p, y''_p) 转化为以 ZH 点为坐标原点的坐标 (x'_p, y'_p)。

$$x'_p = x'_{HZ} + x''_p \cos(\alpha_0 \pm \alpha + 180°) + y''_p \cos(\alpha_0 \mp \alpha + 180°) \quad (8\text{-}66)$$

$$y'_p = y'_{HZ} + x''_p \sin(\alpha_0 \pm \alpha + 180°) + y''_p \sin(\alpha_0 \pm \alpha + 180°) \quad (8\text{-}67)$$

$$x'_{HZ} = T_H + T_H \cos\alpha_0 \quad (8\text{-}68)$$

$$y'_{HZ} = T_H \sin\alpha_0 \quad (8\text{-}69)$$

计算公式中的转角改为 $\alpha_0 \pm \alpha + 180°$，$\alpha_0$ 为缓和曲线切线的方位角即 ZH 点到交点 JD 的方位角；α 为公路的转角。

当起点为 ZH 点时，曲线若左偏，应以 $y'_p = -y'_p$，代入前面对应计算式。

当起点为 HZ 点时，曲线若右偏，应以 $y'_p = -y'_p$，代入前面对应计算式。

📖 课程思政

哈大高速铁路(图 8-18)是我国境内一条连接黑龙江省哈尔滨市与辽宁省大连市的高速铁路；线路呈南北走向，为我国东北地区的干线铁路之一，是我国高寒地区客流量最大、最繁忙、运行里程最长的高速铁路。哈大高速铁路北起哈尔滨西站、南至大连北站，线路全长 921 km，共设 22 座车站；设计速度 350 km/h，列车运营速度 300 km/h。截至 2022 年 12 月 1 日，哈大高速铁路已开通运营 10 年，累计安全运送旅客 6.7 亿人次。哈大高速铁路不仅极大缩短我国东三省主要城市间的时空距离，为东北区域经济一体化创造条件，而且能释放东北地区铁路货运能力，沈大线每年可增加货运能力 1 150 万吨，京哈线沈阳至哈尔滨区段每年可增加货运能力 1 000 万吨，极大地缓解哈大铁路通道运输能力的紧张局面。截至 2017 年 12 月 1 日，哈大高速铁路累计安全开行动车组列车 33 万趟，成功应对 102 场风雪考验，彰显了中国高铁的非凡实力；以哈大高速铁路为南北主轴的东北铁路网，通过与秦沈客专衔接，融入中国高铁路网，形成以沈阳、长春、大连等城市为中心 2 h 经济圈、各主要城市到北京 4~6 h 经济圈，为东北的振兴发展注入生机活力。

图 8-18　哈大高速铁路

道路中线测设

施工测量相关知识

项目九 路线纵断面、横断面测量

任务描述

本项目要求学生通过学习掌握道路纵断面、横断面测量方法和计算内容并绘制纵断面、横断面图，完成道路测量任务。

学习目标

通过本项目的学习，学生应该能够：

1. 在没有教师直接指导的情况下，独立根据任务要求完成道路纵断面测量并能绘制道路纵断面图。
2. 在没有教师直接指导的情况下，独立根据任务要求完成道路横断面测量并能绘制道路横断面图。

任务一 道路纵断面测量

任务部署

在道路中线测定之后，测定中线上各里程桩（简称中桩）的地面高程，并绘制路线纵断面图，用以表示沿路线中线位置的地形起伏状态，用于路线纵坡设计，计算中桩处的填、挖高度。

任务目标

1. 掌握道路纵断面测量计算方法。
2. 掌握基平、中平测量的方法及要求。
3. 能绘制道路纵断面图。

项目九　路线纵断面、横断面测量

任务分组

班级		组号		指导教师	
组长		学号			

组员	姓名	学号	姓名	学号

任务分工	

获取资讯

引导问题1　道路纵断面测量的任务是什么？

引导问题2　基平测量的主要任务是什么？

引导问题3　中平测量的主要任务是什么？

任务计划与决策

每个学生提出自己的计划和方案，经小组讨论比较，得出统一测量方案，教师审查每个小组的测量方案、工作计划并提出整改建议；各小组进一步优化方案，确定最终的测量工作方案。各小组将制订的工具计划和劳动力计划填入表9-1和表9-2中。

表9-1　工具计划表

工具名称	规格	单位	数量	备注

表 9-2 劳动力计划表

人员姓名	工作任务	备注

任务实施

1. 准备水准仪、水准尺、记录板、写桩笔、记录表等。
2. 熟悉道路纵断面测量内容。
3. 基平测量。根据规范要求布设水准点，从已知水准点 BM_0 出发，用变更仪器高的测量方法依次测出待测水准点 BM_1、BM_2 的高程。
4. 中平测量。水准仪安置在Ⅰ站，后视水准点 BM_0，前视转点 ZD_1，将两水准尺读数分别记入中平测量记录表中相应的后视、前视读数栏内，然后再观测 BM_0 与 ZD_1 间的中间点桩号为 K0+000 至+080，并将水准尺读数分别记入中视读数栏；将仪器搬至Ⅱ站，先后视 ZD_1，然后前视 ZD_2，再观测+100 及以后的各中间点，并记录读数。按上述方法继续往前测量，直至附合于水准点 BM_1，完成纵断面测量。
5. 测量相关数据的计算，并绘制纵断面图。

评价反馈

完成任务后，学生自评，并完成表9-3。

表 9-3 学生自评表

班级：　　　姓名：　　　学号：

任务一	道路纵断面测量		
评价内容	评价标准	分值	得分
道路纵断面测量	能完成纵断面测量任务	50	
	能提交纵断面图成果	50	

项目相关知识点

一、基平测量

基平测量的主要任务是沿线设置水准点，并测定其高程。水准点是公路路线高程测量的控制点，在勘测和施工阶段都要长期使用，因此其位置应选在稳固醒目、便于引测及施工时不易遭受破坏的地方，一般距中线 50~100 m 为宜。水准点的密度应根据地形情况和工程需要而定。平原地区一般为 1 km 左右，山岭地区一般为 500 m 左右。

水准点的设置分为永久性水准点和临时性水准点。一般规定，在路线的起点、终点、大桥两岸、隧道两端垭口，以及一些需要长期观测高程的重点工程附近均应设置永久性水准点。为便于引测，需要沿路线方向布设一定数量的临时性水准点。水准点设置好后须绘制水准点位置示意图及编制水准点一览表，以便查找使用。

基平测量时，应将起始水准点与附近国家水准点进行联测，以获取水准点的绝对高程。如有可能，应尽量与附近的国家水准点联测，形成附合水准路线，以获得更多的校核条件。当路线附近没有国家水准点或联测有困难时，可采用地形图上相同的高程基准。

水准点的高程测量，一般采用一台水准仪在两个相邻的水准点间做往返观测，也可用两台水准仪做同向单程观测，精度按四等水准要求。

二、中平测量

中平测量是根据基平测量提供的水准点高程，按附合水准路线逐点施测中桩的地面高程。

中平测量一般是以两相邻水准点为一测段，从一个水准点开始，逐个测定中桩处的地面高程，直至附合到下一个水准点上。在每一个测站上，应尽量多地观测中桩，还需在一定距离内设置转点。相邻两转点间所观测的中桩，称为中间点。由于转点起着传递高程的作用，在测站上应先观测转点，后观测中间点。观测转点时读数至毫米，视线长度一般应不大于150 m，水准尺应立于尺垫、稳固的桩顶或坚石上。中间点读数可读至厘米，视线也可适当放长，立尺应紧靠桩边的地面上。

如图9-1所示，施测时水准仪安置在Ⅰ站，后视水准点BM_1，前视转点ZD_1，将两水准尺读数分别记入中平测量记录表中相应的后视、前视读数栏内，然后再观测BM_1与ZD_1间的中间点桩号为K0+000、+020、+040、+060、+080，并将水准尺读数分别记入相应的中视读数栏；将仪器搬至Ⅱ站，先后视ZD_1，然后前视ZD_2，再观测+100、+120、+140、+160、+180各中间点，并将水准尺读数记入表9-4相应栏中。按上述方法继续往前测量，直至附合于水准点BM_2，完成整段的观测。

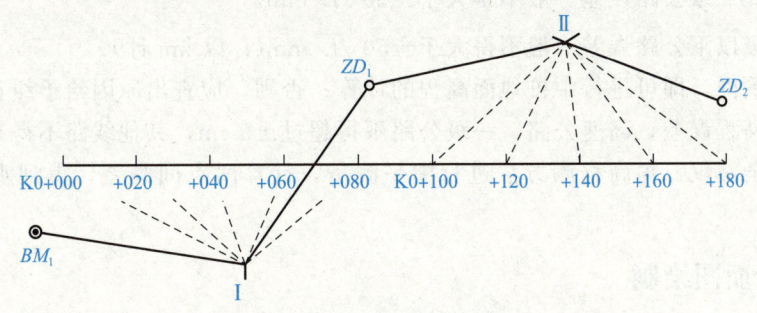

图9-1 中平测量示意图

每一站的各项计算按下列公式进行(视线高法)：

$$视线高程 = 后视点高程 + 后视读数 \tag{9-1}$$

$$转点高程 = 视线高程 - 前视读数 \tag{9-2}$$

$$中桩高程 = 视线高程 - 中视读数 \tag{9-3}$$

各站记录后应立即计算各点高程，直至下一个水准点为止，并计算该测段两端水准点高差。若闭合差符合要求，则不进行闭合差的调整，即以原计算的各中桩点地面高程作为绘制纵断面图的数据。

表 9-4　中平测量记录表

测点	水准尺读数/m 后视	水准尺读数/m 中视	水准尺读数/m 前视	视线高程/m	高程/m	备注
BM_1	2.191			514.505	512.314	①BM_1高程为基平测量所测；②基平测量测得BM_2高程为524.824
K0+000		1.62			512.890	
+020		1.90			512.610	
+040		0.62			513.890	
+060		2.03			512.480	
+080		0.90			513.610	
ZD_1	3.162		1.006	516.661	513.499	
+100		0.50			516.160	
+120		0.52			516.140	
+140		0.82			515.840	
+160		1.20			515.460	
+180		1.01			515.650	
ZD_2	2.246		1.521	517.386	515.140	
…	…	…	…	…	…	
K1+240		2.32			523.060	
BM_2			0.606		524.782	

精度要求：

高速公路、一级公路误差一般不得大于 $\pm 30\sqrt{L}$ mm。

二级及二级以下公路误差一般不得大于 $\pm 50\sqrt{L}$ mm（L 以 km 计）。

在容许范围内，即可进行中桩地面高程的计算；否则，应查出原因给予纠正或重测。

中桩地面高程误差，高速公路、一级公路不得超过 ± 5 cm，其他线路不得超过 ± 10 cm。

同样，用全站仪三角高程测方法进行中平测量，计算两点间高差，得到观测中桩点的高程。

三、纵断面图绘制

纵断面图表示了沿中线上地面的高低起伏情况和纵坡设计的线状图。它反映出各路段纵坡的大小和中线位置处的填挖高度，是公路设计和施工中的重要资料。

纵断面图采用直角坐标法绘制，横坐标表示中桩的里程，纵坐标表示中桩的高程。绘图时，为了明显反映地面的起伏变化，通常使高程比例尺比里程比例尺大 10 倍。常用的里程比例尺有 1∶5 000、1∶2 000、1∶1 000 几种。

如图 9-2 所示，在图的上半部，从左至右有两条贯穿全图的线。一条是细的折线，表示中线方向的实际地面线，它是根据中平测量的中桩地面高程绘制的；另一条是粗线，是包含竖曲线在内的纵坡设计线，是在设计时绘制的。此外，图上还注有水准点的位置、编号和高程，桥涵的类型、孔径、跨数、长度、里程桩号，竖曲线示意图及其曲线元素，同公路、铁路交叉点的位置、里程及有关说明。

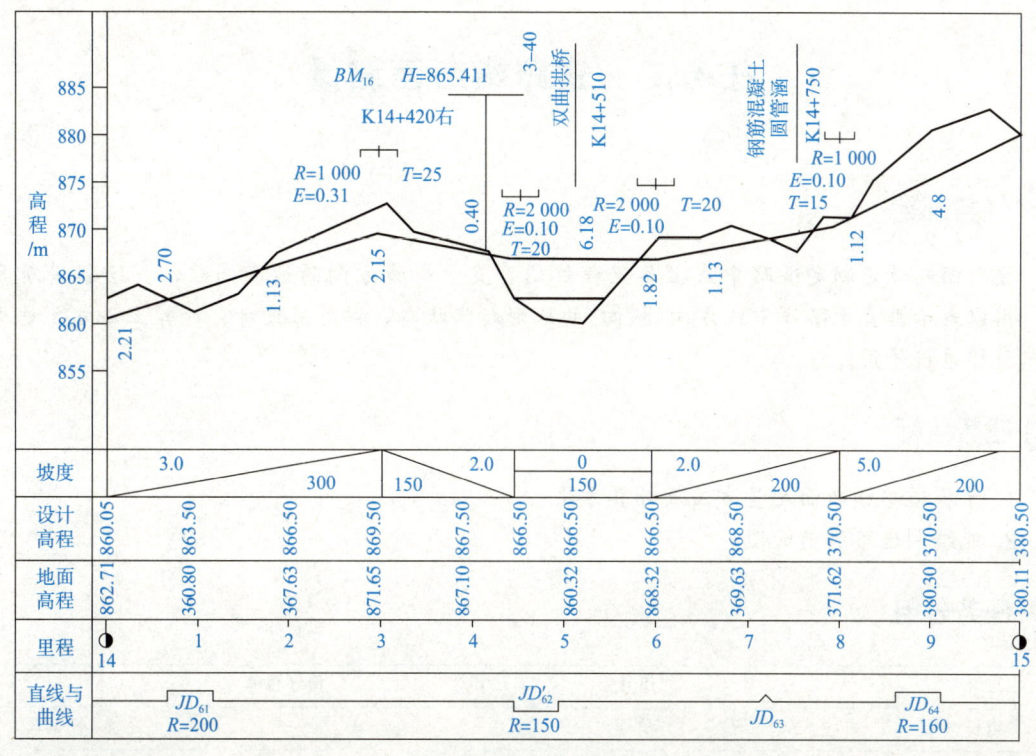

图 9-2　路线纵断面图

图的下部注有有关测量及纵坡设计的资料，主要包括以下内容：

(1)在图纸左面自下而上填写直线及平曲线、坡度及坡长、桩号、填高、地面高程、设计高程、里程桩号栏。上部纵断面图上的高程按比例尺注记，使绘出的地面线应处在图纸上适当位置。

(2)直线及平曲线一栏中，应按里程桩号标明路线的直线部分和曲线部分。曲线部分用直角折线表示，上凸表示路线右偏，下凹表示路线左偏，并注明交点编号和曲线半径。

(3)在坡度及坡长一栏内，分别用斜线或水平线表示设计坡度的方向，线上方注记坡度数值（以百分比表示），下方注记坡长，水平线表示平坡。不同的坡段以竖线分开。

(4)在地面高程一栏中，注上对应于各中桩桩号的地面高程，并在纵断面图上按各中桩的地面高程依次点出其相应的位置，连接各相邻点位，即得中线方向的地面线。

(5)在上部地面线部分进行纵坡设计。设计时，要考虑施工时土石方工程量最小、填挖方尽量平衡及小于限制坡度等道路有关技术规定。

(6)在设计高程一栏内，分别填写相应中桩的设计路基高程。某点的设计高程按下式计算：

$$\text{设计高程} = \text{起点高程} + \text{设计坡度} \times \text{起点至该点的平距} \tag{9-4}$$

(7)在填挖高一栏内,一个桩号的设计高程与地面高程之差即为该桩号的填土高度(正号)或挖土深度(负号)。

(8)在桩号一栏中,自左至右按规定的里程比例尺注上中桩的桩号。

任务二　道路横断面测量

任务部署

横断面测量是测定道路中线上各里程桩处垂直于中线方向的地面高程,并绘制横断面图,用以表示垂直于路线中线方向(横向)的地形起伏状态,供路基设计、计算土石方数量及施工放样边桩等用。

任务目标

1. 掌握道路横断面测量方法及计算方法。
2. 能绘制道路纵横面图。

任务分组

班级		组号		指导教师	
组长		学号			
组员	姓名		学号	姓名	学号
任务分工					

获取资讯

引导问题1　横断面测量的任务是什么?

引导问题2　横断面测量的方法有哪些?

任务计划与决策

每个学生提出自己的计划和方案，经小组讨论比较，得出统一测量方案，教师审查每个小组的测量方案、工作计划并提出整改建议；各小组进一步优化方案，确定最终的测量工作方案。各小组将制订的工具计划和劳动力计划填入表9-5和表9-6中。

表9-5　工具计划表

工具名称	规格	单位	数量	备注

表9-6　劳动力计划表

人员姓名	工作任务	备注

任务实施

1. 仪器准备：水准仪、水准尺、皮尺、记录表等。
2. 熟悉道路横断面测量内容。
3. 确定横断面方向。
4. 水准仪皮尺法。
5. 在中桩的横断面处用皮尺拉平，选取坡度变化特征点，后视中桩塔尺，再依次前视横断面方向上坡度变化点所立的塔尺，即可得到各测点高程。
6. 相关测量数据的计算，并绘制纵断面图。

评价反馈

完成任务后，学生自评并完成表9-7。

表9-7　学生自评表

班级：　　　姓名：　　　学号：

任务二	道路横断面测量		
评价内容	评价标准	分值	得分
道路横断面测量	能完成横断面测量任务	50	
	能提交横断面图成果	50	

项目相关知识点

横断面测量的宽度，应根据中桩填挖高度、边坡大小及有关工程的特殊要求而定，一般应在公路中线两侧各测 15～50 m。进行横断面测量，首先要确定横断面的方向，然后在此方向上测定中线两侧地面坡度变化点的距离和高差。

一、横断面方向的测定

公路中线是由直线段和曲线段构成的，而直线段和曲线段上的横断面标定方法是不同的。

1. 直线段上横断面方向的测定

直线段横断面方向与路线中线垂直，一般采用方向架测定。如图 9-3 所示，将方向架置于待标定横断面方向的桩点上，方向架上有两个相互垂直的固定片，用其中一个固定片瞄准该直线段上任一中桩，另一个固定片所指方向即为该桩点的横断面方向。

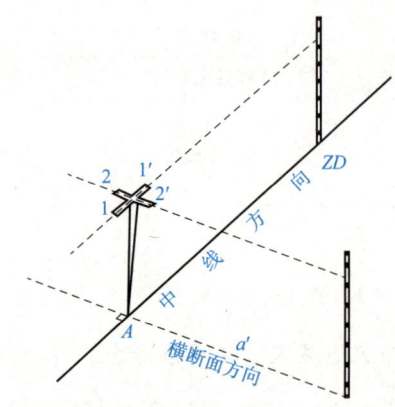

图 9-3 直线上的横断面方向

2. 圆曲线段上横断面方向的测定

由几何知识可知，圆曲线上一点横断面方向必定沿着该点的半径方向。测定时，一般采用求心方向架法，即在方向架上安装一个可以活动的方向片，并有一固定螺旋可将其固定，如图 9-4 所示。

3. 缓和曲线段上横断面方向的测定

缓和曲线段上中桩点处的横断面方向是通过该点曲率半径的方向，即垂直于该点切线的方向。

二、横断面的测量方法

测定横断面方向上地面坡度变化点相对于中桩的水平距离和高差。横断面测量中的距离和高差一般精确到±0.1 m 即可满足工程的要求。因此，横断面测量多采用简易的测量工具和方法，以提高工作效率。

1. 花杆皮尺法

花杆皮尺法是用一根标杆和一卷皮尺测定横断面方向上的两相邻边坡点的水平距离和高差的一种简易方法。此法适用测量山区等级较低的公路，精度较低，但简便。

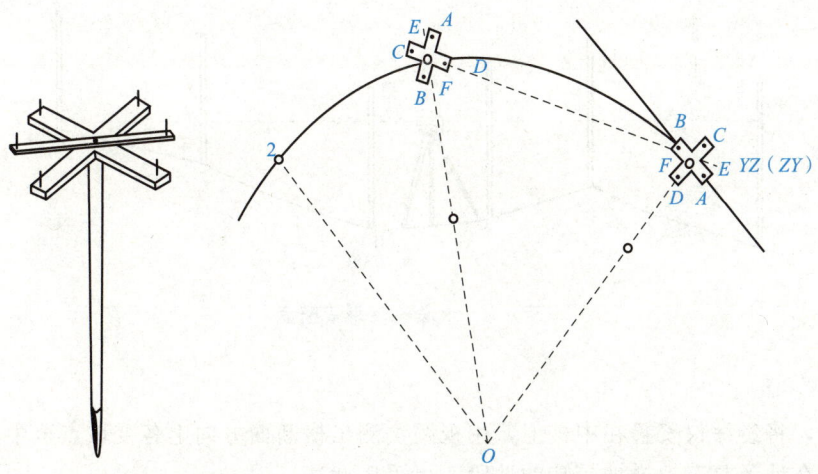

图 9-4 圆曲线上横断面方向

如图 9-5 所示，A、B、C 中桩为横断面方向上左侧所选定的变坡点，将花杆立于 A 点，从中桩处地面将尺拉平量出至 A 点的水平距离，并测出皮尺截于花杆位置的高度，即 A 点相对于中桩地面的高差。同法可测得 A 至 B、B 至 C 的距离和高差，直至所需要的宽度为止。中桩一侧测完后，再测另一侧。

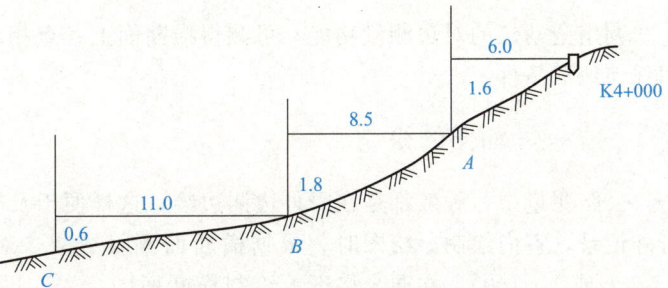

图 9-5 花杆皮尺法测量横断面示意图

记录表格见表 9-8，表中按路线前进方向分左侧、右侧。分数的分子表示测段两端的高差，分母表示其水平距离。高差为正表示上坡，为负表示下坡。

表 9-8 横断面测量记录

左侧	桩号	右侧
...	...	...
2.35/20.0 1.84/12.7 0.81/11.2 1.09/9.1	K0+340	−0.46/12.4 0.15/20.0
2.16/20.0 1.78/13.6 1.25/8.2	K0+360	−0.7/7.2 −0.33/11.8 0.12/20.0

2. 水准仪法

水准仪皮尺法是利用水准仪、水准尺和皮尺，按水准测量的方法测定各变坡点与中桩点间的高差，用皮尺丈量地面上两点的水平距离的方法。当横断面精度要求较高，横断面方向高差变化不大时，多采用水准仪皮尺法。如图 9-6 所示，实测时，后视中桩塔尺，再前视横断面方向上坡度变化点所立的塔尺，即可得到各测点高程。若仪器安置得当，一站可同时施测多个横断面。

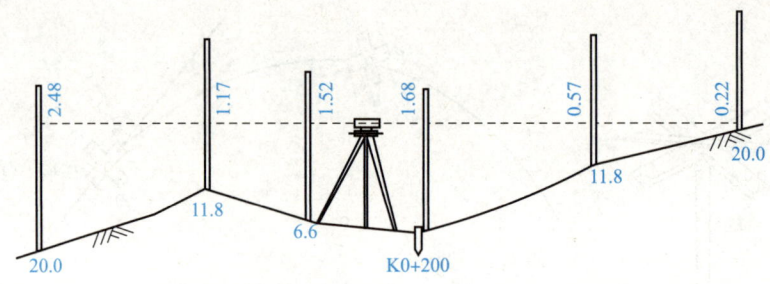

图 9-6 水准仪测量横断面

3. 经纬仪法

施测时，将经纬仪安置在中桩上，用视距法测出横断面方向上各变坡点至中桩的水平距离与高差。在地形复杂、横坡较陡的地段，可采用此法。

4. 全站仪法

利用全站仪的对边测量功能，可测得横断面上各点相对中桩的水平距离和高差。此法适用任何地形条件。

三、横断面图的绘制

公路测量中，一般都是在野外边测边绘，这样便于及时对横断面图进行校核。但也可在野外记录，室内绘制。绘图时，根据横断面测量成果，对距离和高程取同一比例尺（常取 1∶200 或 1∶100），在厘米格纸上绘制横断面图。先在图纸上标定好中桩位置，由中桩开始，分左右两侧按横断面测量数据将各测点逐一点绘于图纸上，并用直线连接相邻各点，即得横断面地面线（图 9-7）。

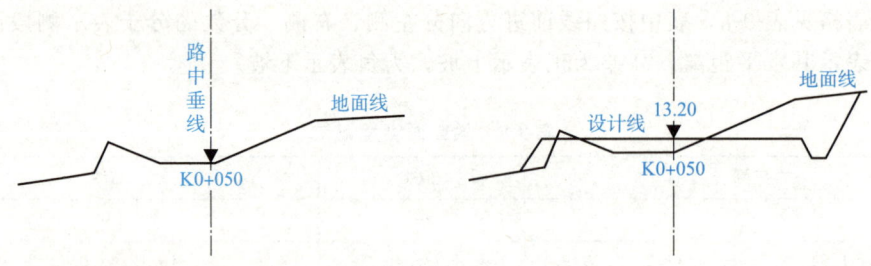

图 9-7 横断面图

道路工程经路基断面设计，在透明图上按相同的比例尺分别绘出路堑、路堤和半填半挖的路基设计线，称为标准断面图。

依据纵断面图上该中线桩的设计高程，把标准断面图套绘到横断面图上。也可将路基断面设计的标准断面直接绘在横断面图上，这一工作俗称为"戴帽子"。根据横断面的填、挖面积及相邻中线桩的桩号，可以算出施工的土石方量。

纵断面和横断面测量

项目十

测量误差

任务描述

测量工作的实践表明，在任何测量工作中，无论是测角、测高差或量距，当对同一观测量进行多次观测时，无论测量仪器多么精密，观测进行得多么仔细，测量结果总是存在着差异，彼此不相等。如反复观测某一角度，每次观测结果都会不一致，这是测量工作中普遍存在的现象，本项目将详细介绍如何对这些误差进行处理和评定。

学习目标

通过本项目的学习，学生应该能够：
1. 掌握测量误差原理。
2. 对系统误差和偶然误差产生的原因进行分析并找到解决方案。

任务　测量误差认识与分析

任务部署

能够准确理解测量误差的定义；掌握绝对误差、相对误差和引用误差这三种误差值的计算；对系统误差和偶然误差进行相应的减弱处理；对测量成果的精确度作出评定。

任务目标

1. 认识测量误差的来源及种类。
2. 熟悉系统误差和偶然误差的定义和特点。
3. 能够对系统误差和偶然误差产生的原因进行分析并找到解决方案。
4. 掌握三种误差精度指标的定义和计算公式。
5. 掌握观测值为线性函数和一般函数的测量误差传播定律。

6. 掌握利用误差传播定律求任意函数中误差的方法和步骤。

任务分组

班级		组号		指导教师	
组长		学号			
组员	姓名		学号	姓名	学号
任务分工					

获取资讯

引导问题1 测量误差的来源及种类有哪些？
引导问题2 系统误差和偶然误差的定义和特点是什么？
引导问题3 系统误差和偶然误差产生的原因有哪些？
引导问题4 消除或减弱系统误差和偶然误差的处理方法有哪些？
引导问题5 三种误差精度指标的定义和计算公式是什么？
引导问题6 观测值为线性函数和一般函数的测量误差传播定律是什么？

任务计划与决策

每个学生提出自己的计划和方案，经小组讨论比较，得出统一测量方案，教师审查每个小组的测量方案、工作计划并提出整改建议；各小组进一步优化方案，确定最终的测量工作方案。

任务实施

如图 10-1 所示，对 $\triangle ABC$，等精度独立观测了三个内角 $\angle A$、$\angle B$、$\angle C$，其值分别为：$\angle A = 63°21'06'' \pm 4''$，$\angle B = 71°35'40'' \pm 4''$，$\angle C = 45°03'02'' \pm 4''$；求分配闭合差后 $\angle C$ 及其中误差。

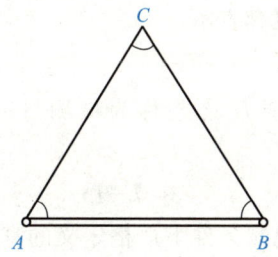

图 10-1　△ABC

1. 计算测量数据的中误差、相对误差和容许误差，并评定测量数据的精度。
2. 利用误差传播定律求函数中误差的方法和步骤。

评价反馈

完成任务后，学生自评，完成表 10-1。

表 10-1　学生自评表

班级：　　　姓名：　　　学号：

任务	测量误差认识与分析		
评价内容	评价标准	分值	得分
三种测量误差值的定义及计算公式	脱口而出	20	
削弱或消除系统误差和偶然误差的处理方法	准确表达	30	
测量误差精度指标	会计算测量数据的中误差、相对误差和容许误差，来评定测量数据的精度	25	
误差传播定律	会利用误差传播定律求任意函数中误差	25	

项目相关知识点

一、测量误差定义

测量工作的实践表明，在任何测量工作中，无论是测角、测高差或量距，当对同一观测量进行多次观测时，无论测量仪器多么精密，观测进行得多么仔细，测量结果总是存在着差异，彼此不相等。如反复观测某一角度，每次观测结果都会不一致，这是测量工作中普遍存在的现象，其实质是每次测量所得的观测值与该观测量客观存在的真值之间的差值，这种差值称为测量误差。

163

测量误差值的大小可用以下概念表示：

1. 绝对误差

被测量的测得值 l 和其真实值 L 之差称为被测量的绝对误差，简称误差，用符号 δ 表示：

$$\delta = l - L \tag{10-1}$$

被测量的真值是指一个量在观测条件下严格定义的真实值。可以用理论真值，计量学约定真值或相对真值来表示。例如，一圆周角度为 360°，三角形三内角和为 180°，即为理论真值。按照国际计量委员会（CIPM）定义的 7 个基准量和 43 个导出量，是国际公认的标准量，就是计量学约定真值。

2. 相对误差

被测量的绝对误差与其真值比值的百分数值称为相对误差。

3. 引用误差

引用误差为仪器仪表示值误差与仪表测量范围上限的百分比，即

$$引用误差 = 仪器仪表示值误差 / 仪表测量范围上限 \times 100\% \tag{10-2}$$

一般来说，用绝对误差可以评价相同被测量的测量精度的高低，相对误差可用于评价不同被测量的测量精度的高低。为了减少仪器仪表引用误差，一般应在满量程 2/3 范围以上进行测量。

二、测量误差产生的原因

在测量工作中，大量实践表明，当对某一观测量进行多次观测时，无论仪器多么精密，观测多么仔细，外界条件多么理想，观测值之间总是存在着差异，这个现象说明测量结果不可避免地存在着误差。产生误差的原因主要有以下三个方面：

（1）仪器设备：测量工作是利用测量仪器进行的，而每一种测量仪器都具有一定的精确度，因此测量结果会受到一定的影响。

（2）观测者：由于观测者的感觉器官的鉴别能力存在一定的局限性，所以对于仪器的对中、整平、瞄准、读数等操作都会产生误差。

（3）外界环境：观测时所处的外界环境中的温度、风力、大气折光、湿度、气压等客观情况时刻在变化，也会使测量结果产生误差。

三、测量误差的分类

为了提高测量精度，必须尽可能消除或减小误差，因此有必要对各种误差的性质、出现规律、产生原因、消除或减小误差的主要方法以及测量结果的评定等方面作进一步的分析。测量误差按其性质不同可分为系统误差和偶然误差。

1. 系统误差

实际的测量过程中往往还存在系统误差，数值较大，且不易被发现，多次重复测量又不能减小其对测量结果的影响，这种潜伏性使得系统误差比随机误差具有更大的危险性。因此，研究系统误差的特征和规律，用一定的方法发现和减小或消除系统误差，就显得十分

重要。

(1)定义。在同一测量条件下,多次测量同一量值时,其绝对值和符号保持不变,或条件改变时,按一定规律变化的误差。如用名义长度为 30 m,而实际长度为 30.004 m 的钢尺量距,每量一尺就有 0.004 m 的系统误差,它就是一个常数。

(2)系统误差产生的原因。系统误差是由固定不变的或按确定规律变化的因素所造成,这些误差因素可以被掌握。

1)测量装置方面的因素:如仪器机构设计原理上的缺点、仪器零件制造和安装不正确、仪器附件制造偏差等。

2)环境方面的因素:如测量时实际温度对标准温度的偏差、测量过程中温度、湿度等按一定规律变化等。

3)测量方法的因素:采用近似的测量方法或近似的计算公式等。

4)测量人员方面的因素:由于测量者的个人特点,在刻度上估计读数时习惯于偏向某一方向;动态测量时,记录某一信号有滞后的倾向等。

(3)系统误差的特征。系统误差的特征是在同一条件下,多次测量同一量值时,误差的绝对值和符号保持不变,或者在条件改变时,误差按一定的规律变化。由系统误差的特征可知,在多次重复测量同一量值时,系统误差不具有抵偿性,它是固定的或服从一定函数规律的误差,即系统误差具有累计性,对测量结果影响甚大,但它的大小和符号有一定的规律,可通过计算或观测方法加以消除,或者最大限度地减小其影响,如尺长误差可通过尺长改正加以消除,水准测量中的 i 角误差,可以通过前后视线等长,消除其对高差的影响。

(4)减弱系统误差的方法。由于系统误差对测量成果具有累积性,应尽可能消除或限制到最小程度,其常用的处理方法有以下几种:

1)检校仪器,把系统误差降低到最小程度,如校正水准管等。

2)加改正数,在观测结果中加入系统误差改正数,如尺长改正等。

3)采用适当的观测方法,使系统误差相互抵消或减弱,如测角时采用盘左.盘右观测以消除误差等。

2. 偶然误差

在相同的观测条件下,对某量进行一系列观测,如出现的误差在数值大小和符号上均不一致,且从表面看没有任何规律性,这种误差称为偶然误差。如水准标尺上毫米数的估读,有时偏大,有时偏小。由于大气的能见度和人眼的分辨能力等因素使照准目标有时偏左,有时偏右。偶然误差也称随机误差,其符号和大小在表面上无规律可循,找不到予以完全消除的方法,因此须对其进行研究。

(1)定义。偶然误差是在同一测量条件下,多次测量同一量值时,其绝对值和符号以不可预定方式变化的误差。

(2)偶然误差产生的原因。偶然误差是由很多暂时未能掌握的微小因素所构成,主要有以下几方面:

1)测量装置方面的因素:如零部件配合的不稳定性、零部件的变形、零件表面油膜不均匀、摩擦等。

2)环境方面的因素:如温度的微小波动、湿度与气压的微量变化、光照强度的变化、灰尘及电磁场的变化等。

3)人员方面的因素：如瞄准、读数的不稳定等。

(3)偶然误差的特征。偶然误差一般具有以下几个特征：

1)对称性：绝对值相等的正误差与负误差出现的次数相等。

2)单峰性：绝对值小的误差比绝对值大的误差出现的次数多。

3)有界性：在一定的测量条件下，随机误差的绝对值不会超过一定界限。

4)抵偿性：随着测量次数的增加，随机误差的算术平均值趋向于零。

(4)减弱偶然误差的方法。由于偶然误差的不可避免，根据上述特性，通常采用以下方法提高观测精度：

1)提高仪器等级：可使观测值的精度得到有效提高，从而限制偶然误差的大小。

2)降低外界影响：选择有利的观测时机和观测环境，避免不稳定因素的影响，以减小观测值的波动。

3)提高观测人员的技术修养和实际技能：严格按照技术标准和要求操作测量程序，稳、准快地获取观测值。

4)进行多余观测：在测量工作中进行多于必要观测次数的观测，称为多余观测。有了多余观测，就可以发现观测值的误差，根据差值的大小，可以评定测量的精度。如果差值大到一定程度，就认为误差超限，应予重测。需要注意的是，观测中应避免出现粗差，即由观测者本身疏忽造成的错误，如读错、记错。粗差不属于误差范畴，是可以避免的。

四、评定精度的标准

为了对测量成果的精确程度作出评定，有必要建立一种评定精度的标准，通常用中误差，相对误差和容许误差来表示。

1. 中误差

设在相同观测条件下，对真值为 x 的一个未知量 l 进行 n 次观测，观测值结果为 l_1、l_2、$\cdots$、l_n，每个观测值相应的真误差（真值与观测值之差）为 Δ_1、Δ_2、$\cdots$、Δ_n。则以各个真误差之平方和的平均数的平方根作为精度评定的标准，用 m 表示，称为观测值中误差。

$$m = \sqrt{\frac{[\Delta\Delta]}{n}} \quad (10\text{-}3)$$

式中：n 为观测次数；m 为观测值中误差（又称均方误差）；$[\Delta\Delta] = \Delta_1\Delta_1 + \Delta_2\Delta_2 + \cdots + \Delta_n\Delta_n$，为各个真误差 Δ 的平方的总和。

式(10-3)表明了中误差与真误差的关系，中误差并不等于每个观测值的真误差，中误差仅是一组真误差的代表值，当一组观测值的测量误差越大，中误差也就越大，其精度就越低；测量误差越小，中误差也就越小，其精度就越高。

因中误差能明显反映出较大误差对测量成果可靠程度的影响，所以成为被广泛采用的一种评定精度的标准。

2. 相对误差

测量工作中对于精度的评定，在很多情况下用中误差这个标准是不能完全描述对某观测量观测的精确度的。如用钢卷尺丈量了 100 m 和 1 000 m 两段距离,其观测值中误差均为 ±0.1 m,若以中误差来评定精度,显然就要得出错误结论,因为量距误差与其长度有关,为此需要采取另一种评定精度的标准,即相对误差。相对误差是指绝对误差的绝对值与相应观测值之比,通常以分子为 1,分母为整数形式表示。

$$相对误差 = \frac{误差的绝对值}{观测值} = \frac{1}{T} \tag{10-4}$$

绝对误差指中误差、真误差、容许误差、闭合差和较差等,它们具有与观测值相同的单位。大量 100 m 的相对中误差为 $\frac{0.1}{100} = \frac{1}{1\,000}$,大量 1 000 m 的相对中误差为 $\frac{0.1}{1\,000} = \frac{1}{10\,000}$。很明显,后者的精度高于前者。

相对误差常用于距离丈量的精度评定,而不能用于角度测量和水准测量的精度评定,这是因为后两者的误差大小与观测量角度、高差的大小无关。

3. 容许误差

由偶然误差第一个特性可知,在一定的观测条件下,偶然误差的绝对值不会超过一定的限值。根据误差理论和大量的实践证明,大于两倍中误差的偶然误差,出现的机会仅有 5%,大于三倍中误差偶然误差的出现机会仅为 3%。即大约在 300 次观测中,才可能出现一个大于三倍中误差的偶然误差。因此,在观测次数不多的情况下,可认为大于三倍中误差的偶然误差实际上是不可能出现的。在实际工作中,一般常以两倍中误差作为容许误差值。

在测量工作中,如某观测量的误差超过容许误差,就可以认为它是错误的,应舍去不用。

二、误差传播定律简述——以算术平均值及其中误差为例

在相同的观测条件下,对某一量进行 n 次观测,通常取其算术平均值作为未知量最可靠值。

例如,对某段距离丈量了 6 次,观测值分别为 l_1、l_2、l_3、l_4、l_5、l_6,则算术平均值 X 为

$$X = \frac{l_1 + l_2 + l_3 + l_4 + l_5 + l_6}{6}$$

若观测 n 次,则

$$X = \frac{[l]}{n} \tag{10-5}$$

下面简要论证为什么算术平均值是最可靠值。设某未知量的真值为 x,观测值为 l_i($i = 1, 2, 3, \cdots, n$),其真误差为 Δ_i,则一组观测值的真误差为

$$\Delta_1 = l_1 - x$$
$$\Delta_2 = l_2 - x$$
$$\vdots$$
$$\Delta_n = l_n - x \tag{10-6}$$

式(10-6)左右取和并除以 n 得:

$$\frac{[\Delta]}{n}=\frac{[l]}{n}-x \tag{10-7}$$

将式(10-5)代入式(10-7)并移项得：

$$x=\frac{[\Delta]}{n}+X \tag{10-8}$$

式中，$\frac{[\Delta]}{n}$ 为 n 个观测值真误差的平均值。

根据偶然误差的第四特性，当 $n \to \infty$ 时，$\frac{[\Delta]}{n}$ 趋于 0，则有：

$$\lim_{n \to \infty} x = X \tag{10-9}$$

由式(10-9)可看出，当观测次数 n 趋于无限多时，观测值的算术平均值就是该未知量的真值。但实际工作中，通常观测次数总是有限的，因而在有限次观测情况下，算术平均值与各个观测值比较，最接近于真值，故称为该量的最可靠值或最或然值。当然，其可靠程度不是绝对的，它随着观测值的精度和观测次数而变化。

二、观测值的改正数

设某量在相同的观测条件下，观测值为 l_1、l_2、$\cdots$、l_n，观测值的算术平均值为 x，则算术平均值与观测值之差称为观测值改正数，用 v 表示，则有：

$$\begin{aligned} v_1 &= x - l_1 \\ v_2 &= x - l_2 \\ &\vdots \\ v_n &= x - l_n \end{aligned} \tag{10-10}$$

将式(10-10)等式两端分别取和得：

$$[v] = nx - [l] \tag{10-11}$$

将 $x = \frac{[l]}{n}$ 代入式(10-11)得：

$$[v] = 0 \tag{10-12}$$

式(10-12)说明在相同观测条件下，一组观测值改正数之和恒等于零，此式可以作为计算工作的校核。

三、用改正数求观测值的中误差

前述中误差的定义式是在已知真误差的条件下，计算观测值的中误差，而实际工作中观测值的真值往往是不知道的，故真误差也无法求得。如未知量高差、距离等。因此可用算术平均值代替真值，用观测值的改正数求观测值中误差，即：

$$m = \pm \sqrt{\frac{[vv]}{n-1}} \tag{10-13}$$

式中：$[vv] = v_1 v_1 + v_2 v_2 + \cdots + v_n v_n$；$n$ 为观测次数；m 为观测值中误差（代表每一次观测值的精度）。

观测值的最可靠值是算术平均值，算术平均值的中误差用"M"表示，按下式计算：

$$M=\frac{m}{\sqrt{n}}=\pm\sqrt{\frac{[vv]}{n(n-1)}} \qquad (10\text{-}14)$$

式(10-14)表明算术平均值的中误差等于观测值中误差的$\frac{1}{\sqrt{n}}$倍,所以增加观测次数可以提高算术平均值的精度。根据分析,观测次数达到一定的数量,精度提高得非常缓慢。如水平角观测,一般最高观测12次。若精度达不到,可采取提高仪器精度或改变观测方法等。

误差的分类和评定指标

参考文献

［1］ 中华人民共和国住房和城乡建设部. GB 50026—2020 工程测量标准[M]. 北京：中国计划出版社，1993.

［2］ 李永树. 工程测量学[M]. 北京：中国铁道出版社，2011.

［3］ 李征航，黄劲松. GPS 测量与数据处理[M]. 3 版. 武汉：武汉大学出版社，2016.

［4］ 孔祥元，郭际明. 控制测量学（上、下册）[M]. 4 版. 武汉：武汉大学出版社，2015.

［5］ 胡荣明. 工程测量学[M]. 北京：中国矿业大学出版社，2013.

［6］ 中华人民共和国住房和城乡建设部. GB/T 50308—2017 城市轨道交通工程测量规范[M]. 北京：中国建筑工业出版社，2018.

［7］ 李青岳，陈永奇. 工程测量学[M]. 3 版. 北京：测绘出版社，2008.

［8］ 罗新宇. 土木工程测量学教程[M]. 北京：中国铁道出版社，2003.

［9］ 胡伍生，潘庆林，黄腾. 土木工程施工测量手册[M]. 2 版. 北京：人民交通出版社，2011.